国家自然科学基金（51605061）
重庆市基础科学与前沿技术研究项目（cstc2017jcyjAX0183）
重庆市自然科学基金面上项目（cstc2020jcyj-msxmX0736）
重庆市教委科学技术研究项目（KJ1500627,KJQN201900808）

多孔泡沫金属磁流变液阻尼器
关键机理及性能

姚行艳　刘旭辉　著

重庆大学出版社

内容简介

本书以泡沫金属磁流变液阻尼器为研究对象,介绍了磁流变液阻尼器的基本理论、方法与典型应用。主要内容包括:磁流变液的工作模式、磁流变液阻尼器的研究进展、多孔泡沫金属在磁流变液阻尼器中的应用;多孔材料应用于磁流变液阻尼器的基本性能测试;磁流变液在泡沫金属中的流动数值模拟、在剪切模式下的静态法向力和稳态法向力;磁流变液在磁场作用下的上升机理及上升实验;多孔泡沫金属磁流变阻尼材料的性能测试,以及多个参数对剪切转矩和动态响应时间的影响等。

本书可供从事智能材料、智能结构及减振等相关研究的科研人员参考。

图书在版编目(CIP)数据

多孔泡沫金属磁流变液阻尼器关键机理及性能 / 姚行艳,刘旭辉著. -- 重庆:重庆大学出版社,2019.8
ISBN 978-7-5689-1741-4

Ⅰ.①多… Ⅱ.①姚… ②刘… Ⅲ.①多孔金属—液压阻尼器—研究 Ⅳ.①TH703.62

中国版本图书馆 CIP 数据核字(2019)第 170597 号

多孔泡沫金属磁流变液阻尼器关键机理及性能
DUOKONG PAOMO JINSHU CILIUBIANYE ZUNIQI GUANJIAN JILI JI XINGNENG

姚行艳 刘旭辉 著
策划编辑:鲁 黎

责任编辑:文 鹏 谢 芳 版式设计:鲁 黎
责任校对:邹 忌 责任印制:张 策

*

重庆大学出版社出版发行
出版人:饶帮华
社址:重庆市沙坪坝区大学城西路 21 号
邮编:401331
电话:(023)88617190 88617185(中小学)
传真:(023)88617186 88617166
网址:http://www.cqup.com.cn
邮箱:fxk@cqup.com.cn(营销中心)
全国新华书店经销
重庆华林天美印务有限公司印刷

*

开本:787mm×1092mm 1/16 印张:11.5 字数:299千
2019 年 8 月第 1 版 2019年8月第1次印刷
ISBN 978-7-5689-1741-4 定价:58.00 元

前言

　　采用阻尼器对机械零件和设备进行减振防护是工程界研究的重要课题,常用的阻尼器一般利用其自身储存和消耗振动能量来实现结构的减振,如橡胶金属阻尼器、弹簧阻尼器和液压阻尼器等,这种方式缺乏自我调节能力,在不确定的外界载荷作用下,很难满足结构的减振要求。因此,具有非线性特征和良好可控性的智能阻尼器就成了一种新的选择。

　　磁流变液阻尼器用于控制机械结构的振动是近年兴起的研究热点,它是一种阻尼可控器件,其内部液压缸的阻尼介质采用磁流变液,主要由微米级尺寸大小的磁性颗粒、载液和稳定剂混合而成,其工作原理是调节外部线圈中的电流获得不同强度的磁场,使阻尼通道中磁流变液的流动特性发生变化,一旦去掉磁场,磁流变液又可变成流动的液体从而控制输出的阻尼力。磁流变液阻尼器具有调节范围宽、功耗低、响应速度快、结构简单等特点,在振动控制工程领域具有广阔的应用前景。

　　目前,国内外在磁流变液技术方面的研究主要包括磁流变液的制备、阻尼器结构设计、控制方法以及如何降低磁流变液阻尼器的成本等方面。2008 年,在德国召开的第 11 届电磁流变液国际会议上,美国 Lord 公司的 Carlson 博士等人表示,如今磁流变液制备和阻尼器的控制技术能够满足实际工程应用的要求,但由于在传统的磁流变液阻尼器设计中,缸体内部需要充满磁流变液,这使得磁流变液的用量大而引起造价过高,同时需要设计专门的密封装置,在阻尼器的活塞往复运动时,磁性颗粒进入密封部位的间隙,也加剧了磁流变液阻尼器的磨损,影响了其使用寿命,这已成为进一步推广磁流变液技术的障碍。

　　因此,如何解决磁流变液阻尼器在工程应用中价格昂贵和使用寿命短的问题成为如今研究的一大热点。初步研究表明,采用多孔材料储存磁流变液时,在磁场及其他外力的作用下,磁流变液能够从多孔材料中析出,在剪切间隙内形成磁流变效应。撤掉磁场之后,部分磁流变液将流回到多孔材料内而不产生泄漏,因此,采用多孔材料储存磁流变液时,不需要密封,而且磁流变液的用量少。根据这一原理,作者采用多孔泡沫金属储存磁流变液并产生阻尼效应的设计理念,开展基于多孔泡沫金属的磁流变液阻尼材料的理论和实验研究。

本书汇集了作者团队长期以来围绕泡沫金属磁流变液阻尼器等方面的研究成果,书中主要以泡沫金属磁流变液阻尼器为研究对象,对泡沫金属磁流变液阻尼器的参数选择、结构设计、性能测试、建模进行了相对系统化和完整的阐述,内容直观,由浅入深且易于理解,不仅包含了泡沫金属磁流变液阻尼器的基础概念、理论和方法,还详细描述了这一领域的最新进展和成果。

本书可为从事智能材料、智能结构及减振等相关研究的科研人员参考,对拓展磁流变液及泡沫金属材料的应用有着现实的指导意义。

本书由姚行艳和刘旭辉共同撰写完成,其中第 1、3、4、8、9、10、11 章由姚行艳撰写,第 2、5、6、7 章由刘旭辉撰写。

由于作者水平有限,书中难免存在一些不妥之处,敬请读者指正。

著　者

2018 年 10 月

目录

第 1 章

绪 论

　　随着生活节奏的加快,人们对生产效率和产品质量的要求越来越高,越来越多的仪器设备向连续化、智能化、集成化、高速化、自动化方向发展。特别是伴随着微机电系统(MEMS)的迅猛发展,由于机械零部件和设备的振动造成其精度变差、密封泄漏、螺栓松动、零件断裂等,机械零部件不能正常工作,极大地降低了设备的精度和使用性能,甚至降低机械设备的使用寿命。"千里之堤毁于蚁穴",机械零部件和设备的振动,轻则造成巨大的经济损失和社会危害,重则危及人们的生命安全并造成严重的社会影响;同时,振动产生的噪声不仅会污染环境,还对人的生理和心理造成极大的危害,影响人体健康。因此,研究如何减小振动对机械设备的使用和设计具有极其重要的实际意义。采用阻尼器技术减小设备的振动是工程界研究的一个重要课题,传统被动式阻尼器的阻尼力不能根据外界载荷进行自我调节,缺乏自适应能力。因此,具有良好可控性的智能阻尼器件受到越来越多研究者的关注。

　　磁流变液(Magnetorheological Fluid, MR fluid)是一种在外加磁场作用下其流变特性发生变化,从而产生磁流变液效应的智能材料。磁流变液主要由导磁性颗粒、基液及添加剂构成。外加磁场强度为零时,磁流变液表现为可流动的牛顿流体;而一旦施加磁场,其粘度迅速发生变化,能够快速可逆地由流体状态变为固体或半固体状态,这种相变转换时间只有几毫秒。磁流变液的这种现象叫作磁流变效应。利用磁流变效应研制的磁流变液阻尼器以其结构简单、阻尼力无级可调、功率损耗低、响应速度快的优点,成为振动工程领域的重要选择,已成功应用于汽车、航空航天、土木、机械、生物医学等领域,具有广阔的应用前景。

　　目前,商用磁流变液阻尼器的振动控制主要集中于大型设备的减振,而对于一些阻尼力仅需要几十牛顿甚至几牛顿的小型或者精密仪器设备,这种大阻尼力的阻尼器就不能满足减振的要求;而且,在传统磁流变液阻尼器中,由于磁流变液中微米级的导磁性硬质磁性颗粒随着活塞的往复运动,不可避免地会与密封装置产生摩擦,对阻尼器有一定的磨损,影响其使用寿命;并且,由于阻尼器的工作缸中需要充满磁流变液,为了防止泄漏,还需要专门设计密封装置,增加了成本。前期关于磁流变液阻尼器的研究主要集中于磁流变液的配置和性能、结构设计、模型建立及控制方式。因此,设计研究应用于精密设备、制造成本低、使用寿命长的磁流变液阻尼器具有极其重要的实际工程应用价值。

　　研究表明,采用多孔材料储存磁流变液,不仅能够解决磁流变液阻尼器沉淀和成本带来的问题,而且阻尼力可以通过电流来控制,无须任何密封装置,还能避免泄漏,并且磁流变液能够循环使用。为此,本课题开展了基于多孔泡沫金属磁流变液阻尼器的关键机理的理论和实验研究,为进一步拓宽磁流变液阻尼器的应用领域提供了新思路,不仅具有重要的学术意义,还有巨大的实用价值和广阔的市场前景。

1.1 国内外研究进展、现状

1948 年,美国科技工作者 Rabinow 首次发现,在外加磁场的作用下,某些流体的粘度会迅速发生显著变化,从而改变了流变特性,当去掉外加磁场时,流体又恢复到原来的状态,其响应时间为几毫秒,这种现象称为磁流变效应。

磁流变液就是一种能够产生磁流变效应的悬浮液体,它能在毫秒级的时间内实现自由流动流体和"半固体"之间的快速转换。磁流变液通常由三部分组成:①磁性微粒悬浮体,一般为具有高磁导率、低矫顽力的微小磁性微粒,如铁钴合金、铁镍合金、羰基铁等软磁材料,其直径为微米级。颗粒直径太小使得饱和磁感应强度降低,颗粒直径过大则很难使悬浮体保持均匀稳定。②母液,它是磁性微粒悬浮的载体,为了保证磁流变液具有稳定的特性,母液应具有低粘度、高沸点、低凝固点和较高密度等特性。目前,较为常用的母液是硅油,一些高沸点的合成油和优质煤油也可作为磁流变液的母液。③表面活性剂,其主要作用是包覆磁性微粒并阻止其相互聚集而产生凝聚,使颗粒能够悬浮于母液中,减少或消除沉降。

目前,磁流变液主要是用人工方法合成,在零磁场条件下,磁性颗粒均匀分散在母液里,对外呈现出低粘度的牛顿流体特性,如图 1.1(a)所示,而施加磁场后,磁性颗粒因磁场作用而结成链状结构,如图 1.1(b)所示。

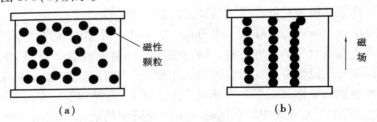

图 1.1　磁流变液的流变特性
(a)无磁场作用时;(b)有磁场作用时

当磁场继续增大时,磁流变液则呈现出高粘度、低流动性的宾汉姆流体特性,这种转变过程是可逆的,能够通过改变磁场而平稳、快速地完成。由于磁流变液的这种特性,采用磁流变液作为介质的阻尼器具有结构简单、体积小、能耗低和可连续调节等优点,成为对机械结构实施半主动控制的理想装置。

1.2 磁流变液的工作模式

基于磁流变液效应的半主动控制器件,磁流变液在阻尼通道中主要有以下 3 种基本工作模式:流动模式、剪切模式和挤压模式,如图 1.2 所示。

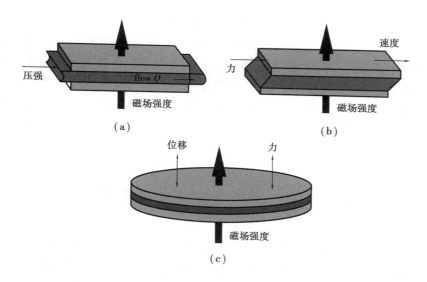

图 1.2 磁流变液工作模式

（a）流动模式；（b）剪切模式；（c）挤压模式

流动模式下，两个固定极板间充满磁流变液，磁流变液在压差作用下垂直于磁场运动，通过调节施加于垂直极板的磁场强度控制磁流变液的流动特性，进而达到控制阻尼力的目的。这种工作模式一般应用于阻尼器、减振器、执行器、液压控制、伺服阀等。

在剪切流动模式下，外加磁场垂直于极板相对运动方向，磁流变液在相对运动的极板间流动，从而产生剪切变形。外加磁场是受控的，在不同磁场强度下可以产生不同的剪切屈服应力，从而使极板之间相对运动产生的阻尼受到磁场的控制，使磁流变液形成剪切流动从而产生阻尼，图 1.3 所示为国内外最常见的剪切流动模式型磁流变液阻尼器的内部结构。这种工作模式可以用于离合器、制动器、阻尼器等器件。

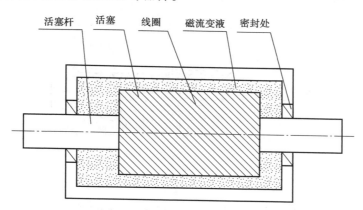

图 1.3 剪切流动式磁流变液阻尼器内部结构示意图

挤压模式下，两个极板沿着外加磁场的方向运动，在极板的挤压作用下，磁流变液向四周流动，磁场的方向与两极板运动的方向一致。在这种工作模式下，两个极板相对移动的位移比较小，但能产生的阻尼力较大，可应用于设计小位移大阻尼力的磁流变液器件。

还有将剪切模式和流动模式相结合的混合工作模式，充分利用两种工作模式的优点，通过调节外加电流,能够在相对较大的行程下产生大的阻尼力。

  基于以上几种工作模式,众多学者展开了对磁流变液特性的研究。几乎在 Rabinow 发现磁流变液现象的同时,Winslow 发明了电流变液。起初由于磁流变液的制备技术和励磁装置的设计问题,对于这两种智能液体的研究,大部分集中于电流变液。但一直以来,由于电流变液的剪切屈服应力较低,且存在高电压的安全性问题,从 1980 年以来,磁流变液又重新引起了研究者们的兴趣,迄今,国际上已经连续召开了 16 届电流变液与磁流变液国际会议,这些都促进了磁流变液及其技术的研究与开发。

1.3 磁流变液阻尼器的研究进展

  磁流变液阻尼器是利用磁流变效应,通过调节外加电流的大小来控制阻尼力的智能器件,一般由磁流变液、工作缸、活塞、励磁线圈以及密封装置组成,通过调节线圈中的电流大小来控制阻尼器内部磁场强度的大小,进而达到控制阻尼力的目的。根据活塞结构的不同,可分为单出杆磁流变液阻尼器和双出杆磁流变液阻尼器。

1.3.1 单出杆磁流变液阻尼器

  图 1.4 所示为一种典型的单出杆磁流变液阻尼器。活塞杆位于阻尼器的一端,线圈缠绕在活塞上,活塞、阻尼通道、磁流变液及钢筒组成磁路,工作缸里充满磁流变液,随着活塞的往复运动,工作缸内压差发生变化,从而产生阻碍活塞运动的阻尼力。这种阻尼器的特点是:工作缸的体积会随着活塞的运动发生改变,需要体积补偿装置对活塞杆进行气体补偿,一般采用浮动活塞或隔板将磁流变液和气体隔开。目前大多数研究集中在双出杆阻尼器,对单出杆阻尼器的研究较少,但国内外已有成功应用的案例。

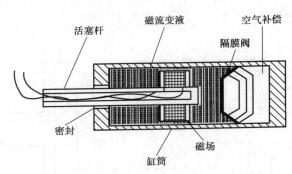

图 1.4 一种典型的单出杆磁流变液阻尼器

  如图 1.5 所示,采用这种工作模式,美国的 Lord 公司最先开发了一种用于智能悬架系统的单出杆单筒磁流变液阻尼器。这种阻尼器的活塞上开有阻尼孔,采用压缩氮气进行空气补偿,绕在活塞上的线圈经过活塞杆引出至外部电源。阻尼器全长 150 mm,活塞行程 ±29 mm,通过了 50 万次无故障测试。

  美国马里兰大学在磁流变液阻尼器的理论设计方面一直在国际前列,他们开发了一款基于流动模式的汽车磁流变液阻尼器,活塞杆从一端伸出,线圈在活塞内部,如图 1.6 所示。为提高阻尼器内部的磁场强度,工作缸和活塞分别选用低碳钢和软磁材料,用浮动活塞进行体积补偿,其最小阻尼力可达 350 N。

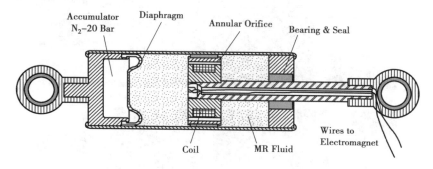

图 1.5　智能悬架磁流变液阻尼器

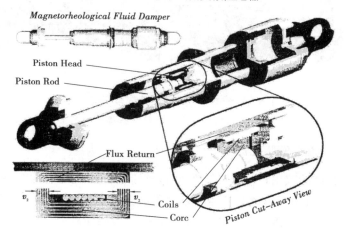

图 1.6　汽车磁流变阻尼器

　　重庆大学是国内最早研究磁流变液阻尼器的单位之一,目前已开发出一系列可用于汽车悬架系统的磁流变液阻尼器,成功应用于国产某型微型面包车和轿车上,将汽车的平顺性提高了约 20%,完成了 1 万千米道路试验,并进行了整车实验,如图 1.7 和图 1.8 所示。

图 1.7　用于汽车悬架的磁流变液阻尼器

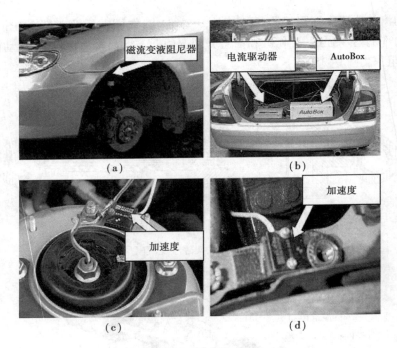

图 1.8　磁流变液汽车悬架系统整车实验安装
(a)阻尼器；(b)控制系统；(c)簧上传感器；(d)簧下传感器

1.3.2　双出杆磁流变液阻尼器

　　图 1.9 所示为典型的双出杆磁流变液阻尼器。活塞杆从阻尼器的两端伸出，线圈绕在活塞上，钢筒两端均有密封装置。活塞的运动迫使磁流变液经过活塞与工作缸的阻尼间隙。这种阻尼器不需要体积补偿装置，结构简单，加工方便，而且定位效果好。

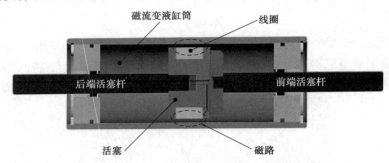

图 1.9　一种典型的双出杆磁流变液阻尼器

　　基于剪切工作模式，美国圣母大学的 Spencer 联合 Lord 公司设计了一种应用于建筑结构减振的双出杆磁流变液阻尼器，如图 1.10 所示，其最大阻尼力可达 20 t。

　　基于挤压模式，龚兴龙团队设计了一种挤压式磁流变液阻尼器，如图 1.11 所示，两平板间充满磁流变液，挤压板随着活塞杆的上下移动而运动，外壳、挤压板及磁流变液组成磁回路，磁流变液在平板的挤压下沿着四周运动。该阻尼器的整体直径为 140 mm，挤压板厚度为 20 mm，挤压板直径为 95 mm。这种阻尼器可以用于小振幅的大型设备减振。

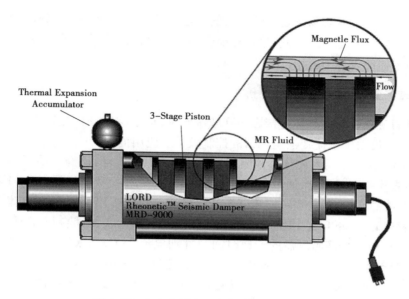

图 1.10　20 t 大尺度双出杆磁流变液阻尼器

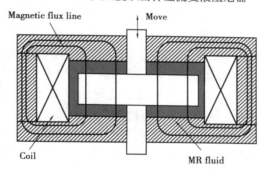

图 1.11　基于挤压模式的磁流变液阻尼器

　　结合剪切工作模式和流动工作模式,天津大学李忠献研制了一种双出杆混合式磁流变液阻尼器,通过性能测试,发现其阻尼力和可调系数都很理想。

　　此外,哈尔滨工业大学、中国科学技术大学、南京理工大学、武汉理工大学及重庆大学等也对磁流变液阻尼器进行了多方面的研究。

1.3.3　两种磁流变液阻尼器的比较

　　在磁流变液阻尼器的设计和使用过程中,需要根据工作环境及应用对象选择合适的阻尼器结构。单出杆磁流变液阻尼器中,活塞杆从一端伸出,为防止泄漏,只有一端需要密封,但正因为如此,活塞杆与密封装置的摩擦将大大增加空载摩擦力。当然,这种空载摩擦力对商用千牛级磁流变液阻尼器的影响并不大,但却不利于小阻尼力(几十牛顿甚至几牛顿)阻尼器的设计,而且还大大降低了阻尼力的可调范围。另外,空气补偿装置的存在又进一步加剧了消除空载摩擦力的难度,并且由于补偿气体及隔板的存在,阻尼器组装更加困难。

　　相较于单出杆磁流变液阻尼器,双出杆磁流变液阻尼器的两端各有一个密封装置,活塞杆从两端伸出。这样,两端分别对活塞杆提供支撑点,从而避免了单出杆中的悬臂对活塞的支撑。这种双出杆结构虽然容易满足小阻尼力的阻尼器的设计要求,但活塞杆与密封装置之间的摩擦也会增大空载阻尼力。因此,迫切需要一种新的设计思路以满足应用于小阻尼力范围的磁流变液阻尼器的设计与应用。

1.3.4　磁流变液阻尼器的性能评价

磁流变液阻尼器性能的好坏直接影响到减振效果,动态响应特性是磁流变液阻尼器的重要性能指标,直接反映了磁流变液阻尼器的控制效果及应用范围。

国外,美国的 Lord 公司对磁流变液阻尼器技术研究最为广泛,已经申请了多项专利,而且已经推出商用磁流变液阻尼器,通过研究一款 180 kN 的磁流变液阻尼器,发现其响应时间不超过 60 毫秒。他们认为,对大多数磁流变液装置来说,响应时间不仅取决于磁流变液的特性,还与线圈(或者电磁体)的电感和驱动电子装置的阻抗有关。美国弗吉尼亚理工大学的 Fernando 和 Koo 发现磁流变液阻尼器的响应时间与外加电流无关,活塞运动速度和系统柔度对响应时间的影响较大,随着活塞运动速度的增加,响应时间呈指数下降,并最终收敛于一常量值。由于实验环境和对象不同,磁流变液阻尼器的响应时间不仅与所使用的磁流变液及阻尼器结构有关,还与磁路设计和电源驱动方式相关。曼彻斯特大学的 Chooi 和 Oyadiji 认为影响磁流变液响应时间的因素主要包括以下 4 个方面:外加电流、剪切速率、颗粒体积份数、磁性颗粒的特性。最近,美国内华达大学的 Huseyin 和 Gordaninejad 还研究了磁流变液不同工作模式对动态响应特性的影响,发现电磁参数及阀的几何结构对响应时间的影响较大。采用环形结构磁流变阀的上升时间比下降时间长;而采用径向结构的磁流变阀时,不论上升时间还是下降时间,都比环形结构时快。Ulicny 和 Golden 通过研究磁流变液的瞬态响应,得出磁流变液开始响应存在一个与转速相关的临界值,而与磁性颗粒浓度无关。

国内对磁流变液阻尼器的响应时间也展开了研究。哈尔滨工业大学的欧进萍和关新春研究了一种双出杆混合工作模式磁流变液减振驱动器的响应时间,发现影响响应时间的主要因素是磁流变液的动力粘度和剪切间隙,实验得到响应时间在百毫秒级。重庆大学的余淼和陈爱军等对车用磁流变液动态响应进行了详细的研究。结果表明,线圈并联比串联时磁流变液阻尼器的响应时间小很多;外加电流对响应时间的影响较小,但与活塞的运动速度相关,速度越大,响应时间也会有一定的增加;响应时间随着温度升高稍有减少;而且,磁流变液阻尼器的上升时间比下降时间短。重庆仪表材料研究所的杨百炼等也做过类似研究。另外,重庆大学的张红辉还研究了磁流变液载液粘度及阻尼器剪切间隙对响应时间的影响。针对履带车辆磁流变液阻尼器,军械工程学院的吕建刚等研究得到其响应时间最长达到 600 ms,响应时间最短为 156 ms。装甲兵工程学院的张进秋等提出了一种利用有限元软件 Ansoft 和 Adams 联合仿真的方法,研究了磁流变液阻尼器的响应时间,并通过实验验证了这种方法的有效性。北京交通大学的潘存治等研究发现磁流变液阻尼器在励磁和磁化过程中的总响应时间常数约为 10 ms,响应时间除了与剪切速度有关外,还与磁流变液的特性及阻尼器的设计结构相关。海军工程学院的王宇飞等对响应时间进行了类似研究。浙江大学的祝长生对盘式磁流变液阻尼器悬臂转子系统的响应时间进行了测试,发现在电流的施加与去除过程中,都存在磁化或退磁的滞后时间。

综上所述,由于测试条件不同,各位学者得到的响应时间也不尽相同,这种不一致不仅与不同影响因素有关,还与磁流变液阻尼器动态响应时间的定义及具体范围有很大关系。Koo

将从初始状态到最大阻尼力的 95% 的时间段定义为磁流变液阻尼器的动态响应时间,并对 Lord 公司的一款阻尼器进行实验研究,得到其响应时间约为 25 ms;Zhu 等采用电流源驱动的方法研究圆盘形磁流变液阻尼器的响应时间,并定义当达到最大电流的 90% 为响应时间,得到该阻尼器的响应时间仅为 2 ms;Milecki 则采用电压源驱动的方法研究了线性和转动两种工作方式的磁流变液阻尼器,最终得到磁流变液阻尼器的响应时间范围为 30 ~ 180 ms;Soda 对自行研制的磁流变液阻尼器的响应时间进行了研究,得到响应时间范围为 300 ~ 400 ms。

根据以上分析,由于采用的实验材料、仪器设备及阻尼器结构不同,响应时间研究出现许多不一致的结论,特别是对于新型结构的磁流变液阻尼器,如基于泡沫材料的磁流变液阻尼器,国内外还鲜有动态响应特性的报道。

1.4 多孔材料在磁流变液阻尼器中的应用研究进展

1.4.1 多孔材料的发展及其应用

多孔材料是 20 世纪发展起来的崭新材料体系,是一种由相互贯通或封闭的孔洞构成网状结构的材料,孔洞的边界或表面由支柱或平板构成,多孔材料的分类如图 1.12 所示。多孔材料主要是其无机物前体在模板剂的作用下,借助有机超分子的界面作用,形成具有一定结构和形貌的无机材料,有时根据需要加入催化剂或助剂,然后除去溶剂,经煅烧或化学处理除去模板得到。多孔材料包括多孔金属材料(如金属纤维毡、泡沫金属和烧结金属等)和多孔非金属材料(如泡沫塑料、海绵、多孔玻璃等)。

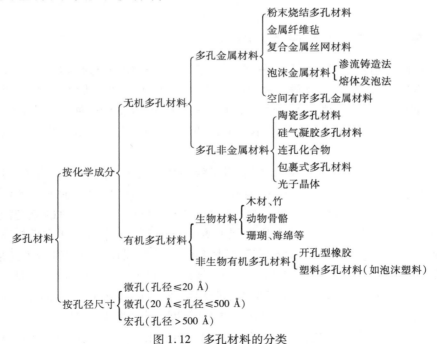

图 1.12 多孔材料的分类

作为一种新型的功能材料,多孔泡沫金属(图 1.13)具有渗透性好、孔隙和孔径可控、形状稳定、耐高温、能再生、可加工等特殊性能,在以下领域具有广泛的应用前景。

图 1.13　典型的多孔泡沫金属

①电极材料。高孔隙率的多孔泡沫金属,如多孔泡沫金属镍等,在用作电池的电极材料时表现出了较好的性能,使电池的比功率、比容量有了较大的提高,同时可以满足快速充电的要求。

②催化剂载体。由于多孔泡沫金属的比表面积大,在化工领域可以用作催化剂的载体。

③机械缓冲材料。多孔泡沫金属特有的多孔结构,使它在振动或碰撞时能够吸收能量,因而可用作机械缓冲材料。

④消音材料。多孔泡沫金属特有的孔隙,可以使声音在通过时发生散射、干涉等现象,部分声能被吸收,从而降低噪声对人体造成的损害。

⑤过滤材料。把多孔泡沫金属加工成一定的形状,可以用作过滤介质,从废水、溶液、石油等流体中过滤取出悬浮物或固体杂质。

1.4.2　磁流变液在多孔介质中的流动研究

多孔泡沫金属内部结构比较复杂,呈网状的交织结构,孔径一般为 0.1 ~ 10 mm,孔隙率范围为 40% ~98% ,具有比重小、孔隙率高、比表面积大、孔径范围宽的优点。其中,流体在泡沫金属中的流动特性受到众多学者的关注。由于泡沫金属的孔径较小,属于微尺度范围,有关研究表明液体在微通道内部的流动现象有其特有的机理和规律,与常规大尺寸管道内部的流动有很大区别。

Ronnie 用粒子图像测速法(PIV)得到低雷诺数粘弹性流体经过多孔介质的速度分布,发现流体在多孔介质中的流速沿中心对称,且在中心处速度绝对值最大。在外加磁场作用下,磁流变液表现出一定的粘弹性流体特性。为了研究不同流动通道和场强对磁流变液效应的影响,苏联学者 Shulman 通过实验研究对比发现磁流变液在多孔床中流动比在螺旋通道中流动产生的磁流变液效应更强,还有学者研究了磁场和电场的共同作用对磁流变液速度的影响。作为多孔介质重要分支的多孔泡沫金属已得到广泛应用,目前,对于磁流变液在泡沫金属中的流动已取得一定的成果。Kuzhir 采用理论与实验相结合的方法详细描述了磁流变液在不同类型泡沫金属(束状管道、带有磁性及非磁性球状和圆柱状颗粒的填充床)中的流动,Ricken 研究了微米级多孔介质内的相流,为泡沫金属在磁流变液技术方面的应用提供了理论基础。Victor 和法国学者 Georges 对磁流体的毛细管流动及其表面不稳定性做了大量研究,建立了磁流体在毛细管中的上升理论,并预测了磁流变液在多孔介质中流动的压降,为将多孔泡沫金属应用于磁流变液阻尼器提供了有力的理论依据。根据这一原理,上海大学的刘旭辉等用实验研究了磁流变液在外加磁场作用下的上升现象,并研究了在磁场作用下磁流变液的表面不稳定性,建立了磁流变液在外加磁场作用下的升高模型,为研究磁流变液在磁场力作用下的上升提供了理论依据。

采用实验方法研究磁流变液的流动特性,不仅耗时长,而且成本高。最近,土耳其学者Gedik 等利用计算流体动力学(Computational Fluid Dynamics,CFD)研究了两固定平行板间的磁流变液在外部磁场作用下的稳定层流,简化模型如图 1.14 所示。图 1.15 和图 1.16 是得到的磁流变液流速分布。

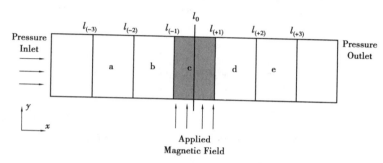

图 1.14 简化模型

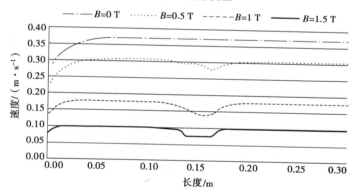

图 1.15 速度分布

由图 1.17 可知,磁流变液的流速随着磁场强度的增大而减小。同时,由静态压强分布得到,磁场强度为零时,压强在整个流动区域线性减小。对于施加磁场区域,施加磁场后,压强急剧减小,且磁场强度越大,压强减小越快;而在未施加磁场的区域,压强仍然呈线性减小状态。

磁流变液在微通道中的流动非常复杂,而且微米级磁性颗粒可能造成堵塞,并不是所有的磁流变液都能顺利通过微通道。为此,Whiteley 和 Gordaninejad 经反复实验,配置了一种可以流经微孔道(0.075~1 mm)且能够产生磁流变液效应的磁流变脂,并研究了孔隙直径对压降的影响,为磁流变液的进一步应用的可行性提供了理论依据。Bruno 和 Constantin 用 COMSOL Multiphysics 研究并建立了磁流变液通过微通道的理论模型,分析了在磁场力作用下,磁流变液在微通道中的流动与频率的关系,并得到结论:不同螺线管的状态会产生不同的流动速率。

综上所述,目前对于磁流变液在多孔介质中的流动研究集中在大尺寸通道中的流动,而

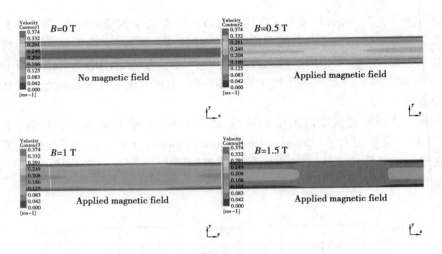

图 1.16　不同磁场作用下的速度分布云图

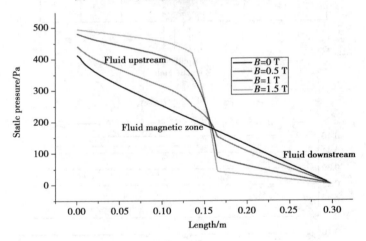

图 1.17　压强分布

对在尺寸较小的通道甚至微通道中的流动研究较少。

1.4.3　多孔材料在磁流变液阻尼器中的应用

在研制磁流变液阻尼器的过程中,常遇到磁流变液的沉淀、易泄漏、加工精度过高以及磁流变液的用量大等问题,这些问题影响了磁流变液阻尼器的使用寿命,同时也使磁流变液阻尼器的造价昂贵,阻碍了其进一步应用推广。

为解决磁流变液的沉淀和泄漏问题,浙江大学的祝长生提出了剪切型磁流变脂阻尼器,将其应用于转子系统,并进行了初步研究,研究结果表明:在外加电流作用下,磁流变脂阻尼器可以产生明显的阻尼力,能够有效控制转子系统的振动。利用泡沫金属良好的缓冲吸振特性,辽宁工程技术大学的徐平和哈尔滨工业大学的李明章、焦映厚等将泡沫金属与磁流变液二者耦合,达到减振目的,结果表明,这种复合减振的方式使磁流变液阻尼器的阻尼性能有了明显的提高。另外,由于泡沫金属有较高的孔隙率并且孔隙很小,磁流变液经过泡沫金属时要克服更大的阻尼力,从而使磁流变体泡沫金属阻尼器耗散更多能量,进一步提高了磁流变液阻尼器的减振性能。但在综合解决磁流变液阻尼器的密封、寿命以及造价等问题方面,国内外的研究进展相对缓慢,很多学者对磁流变液或者磁性液体在多孔介质内流动的研究为研制泡沫金属磁流变液阻尼器提供了新的思路。

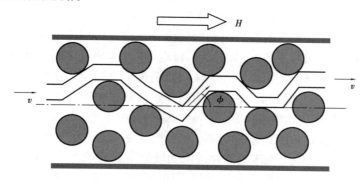

图 1.18 多孔泡沫金属的弯曲管道

另外,由于传统磁流变液阻尼器中线圈浸泡在磁流变液中,活塞不断来回运动会造成线圈磨损,影响了磁流变液阻尼器的寿命。对此,利用多孔泡沫金属的流控特性,美国马里兰大学的 Wereley 将多孔泡沫金属作为流体阀门控制磁流变液的流动,设计了一种基于多孔阀门的磁流变液阻尼器以提高阻尼器的性能,并将磁流变液的流动简化为在多孔泡沫金属弯曲管道中的流动,如图 1.18 所示;同时,为了研究阻尼器内流体的运动,他们将多孔泡沫金属简化为简单的一系列平行管,并实验验证了其动态特性,等效模型如图 1.19 所示。

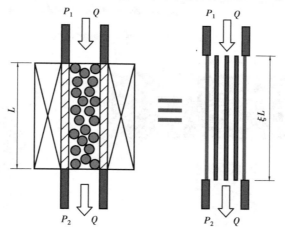

图 1.19 多孔泡沫金属等效流动分析模型

利用多孔泡沫金属的流控特性,虽然能够提高磁流变液阻尼器的性能,但来回运动的活塞与磁性颗粒的磨损仍然会使磁流变液产生泄漏。对此,美国 Lord 公司的 Calson 和 Chrzan 将一种开孔聚氨酯多孔基海绵材料应用于磁流变液阻尼器,如图 1.20 所示。在轴的一端,充满磁流变液的多孔海绵围绕在装有线圈的导磁钢筒上形成活塞,沿轴向在导磁钢筒内自由移动,导磁钢筒、活塞构成磁回路。在毛细管力的作用下,磁流变液被储存在多孔海绵的孔隙中,以防止磁流变液泄漏。利用这种设计制作的多孔海绵磁流变液阻尼器不需要任何密封或者轴承,大大简化了磁流变液阻尼器的结构,在解决磁流变液沉淀和密封问题上取得了极大进展,而且仅需 3 mL 的磁流变液就能产生 100 N 的阻尼力,极大地减少了磁流变液的用量,降低了磁流变液阻尼器的成本。为验证磁流变液阻尼器的阻尼性能,Carlson 还将其应用于洗衣机的振动控制,并取得明显效果。

采用多孔海绵虽然在一定程度上能够解决磁流变液阻尼器在密封和成本等方面的问题,但由于多孔海绵容易磨损且硬度较低,影响了磁流变液阻尼器的使用寿命;并且在活塞运动过程中,剪切间隙会因海绵的厚度的改变而发生变化,输出阻尼力不易控制。利用多孔泡沫金属相对于海绵硬度高、耐磨损且不易变形的优点,Liu 探索性地研究了将多孔泡沫金属材料应用于磁流变液阻尼器的可行性,为研究多孔泡沫金属磁流变液阻尼器提供了有力的理论和实验依据。最近,密歇根理工大学研制了一种利用泡沫铝来储存磁流变液的双出杆阻尼器,可应用于阻尼力较小的振动控制,如图 1.21 所示。泡沫铝的孔隙率为 80%,厚度为 1.27 cm,施加磁场后有足够多的磁流变液产生磁流变效应。理想情况下,阻尼力与电流的关系如图 1.22 所示,最大阻尼力约为 4 N。使用泡沫铝储存磁流变液的阻尼器虽然不需任何密封,但由于受泡沫金属厚度的影响,其阻尼力可调范围相对较小;并且,活塞杆采用的聚四氟乙烯在长时间连续工作下会发生塑性变形,而且受温度影响较大,容易损坏。

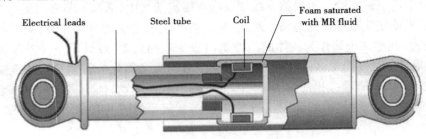

图 1.20　多孔海绵磁流变液阻尼器

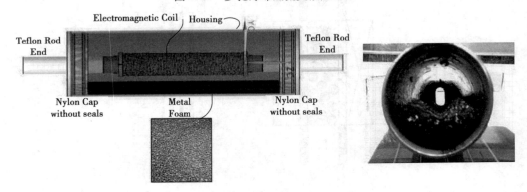

图 1.21　泡沫铝磁流变液阻尼器

但是,这种设计也受到了多方面的限制,主要包括以下两个方面:

①由于多孔海绵的硬度和耐磨性较差,在多孔海绵磁流变液阻尼器工作的过程中,会产生多孔海绵的磨损,影响了磁流变液阻尼器的使用寿命。

②为了增加阻尼效果,需要在多孔海绵内部储存足够多的磁流变液,在多孔海绵孔隙率一定的前提下,只有增加海绵的厚度,才会降低剪切间隙内的磁感应强度,影响阻尼器的性能。

这些限制使多孔海绵磁流变液阻尼器距离市场化还有很大差距,目前也在实验研究阶段,但是这种新型的设计为本文的工作提供了全新的思路和方向。基于图 1.20 中 Carlson 设计的

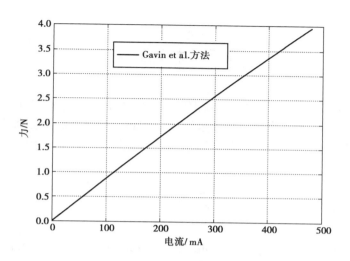

图 1.22 阻尼力与外加电流的关系

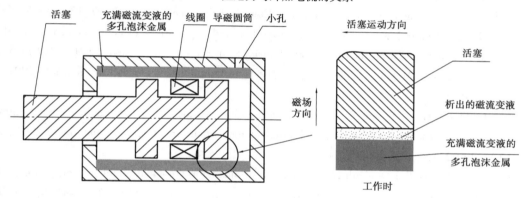

图 1.23 多孔泡沫金属磁流变液阻尼器的概念设计

多孔海绵磁流变液阻尼器及以上分析,作者提出的多孔泡沫金属磁流变液阻尼器的概念设计如图 1.23 所示。为增加剪切间隙内部的磁场,磁路中的导磁圆筒、活塞等采用高磁导率低剩磁材料,多孔泡沫金属片贴在导磁圆筒的内壁,磁流变液储存在多孔泡沫金属里面,并通过真空处理,确保孔隙里面全部充满磁流变液。由于孔隙的毛细管力,磁流变液不会因流动而引起泄露,工作时被磁场从多孔泡沫金属内抽出,进入剪切间隙内产生阻尼力,去掉磁场后,部分磁流变液重新流回多孔泡沫金属内,与图 1.3 中的结构相比,不需要密封,降低了磨损,同时,该设计也减少了磁流变液用量,降低了造价。与多孔海绵磁流变液阻尼器相比,由于采用的多孔泡沫金属硬度大,相对磁导率可控,具有耐磨损、输出阻尼力可控性好、寿命长等优点。

综上所述,将多孔材料应用于磁流变技术还处于起步阶段,关于多孔泡沫金属磁流变液阻尼器的相关理论基础及作用机理也没有深入的研究。总之,将多孔泡沫金属材料应用于磁流变液阻尼器并推向实际工程应用还有待深入研究。

1.5 本章小结

本章首先对课题的研究背景、意义、目前磁流变液阻尼器的应用进行了论述,在介绍磁流变液的工作原理的基础上,回顾了磁流变液法向力和磁流变液阻尼器研究的发展,提出了研究多孔泡沫金属磁流变液阻尼器的意义,最后阐明了本文的主要研究内容。

参考文献

［1］ Weiss K D, Carlson J D. A growing attraction to magnetic fluids［J］. Machine Design, 1994, 66(15): 61-64.

［2］ Rabinow J. The magnetic fluid clutch［J］. Electrical Engineering, 1948, 67(12): 1167-1167.

［3］ Jolly M R, Bender J W, Carlson J D. Properties and applications of commercial magnetorheological fluids［J］. Journal of Intelligent Material Systems and Structures, 1999, 10(1): 5-13.

［4］ Klingenberg D J. Magnetorheology: applications and challenges［J］. AIChE Journal, 2001, 47(2): 246-249.

［5］ Liu J, Flores G A, Sheng R. In-vitro investigation of blood embolization in cancer treatment using magnetorheological fluids［J］. Journal of magnetism and magnetic materials, 2001, 225(1): 209-217.

［6］ Kordonski W, Golini D. Multiple application of magnetorheological effect in high precision finishing［J］. Journal of intelligent material systems and structures, 2002, 13(7-8): 401-404.

［7］ Jha S, Jain V K. Design and development of the magnetorheological abrasive flow finishing (MRAFF) process［J］. International Journal of Machine Tools and Manufacture, 2004, 44(10): 1019-1029.

［8］ Kordonski W I, Shorey A B, Tricard M. Magnetorheological jet (MR Jet™) finishing technology［J］. Journal of fluids engineering, 2006, 128(1): 20-26.

［9］ Lai C Y, Liao W H. Vibration control of a suspension system via a magnetorheological fluid damper ［J］. Journal of Vibration and Control, 2002, 8(4): 527-547.

［10］ Yu M, Liao C R, Chen W M, et al. Vibration Control of Vehicle Semi-Active Suspension System Via MagnetoRheological Fluid Damper［C］. Proceedings of the 5th International Conference on Vibration Engineering, Nanjing University, Nanjing, 2002.

［11］ Carlson J D. What makes a good MR fluid, Journal of Intelligent Material Systems and Structures, 2002, (13): 430-435.

［12］ De Vicente J, Klingenberg D J, Hidalgo-Alvarez R. Magnetorheological fluids: a review［J］. Soft Matter, 2011, 7(8): 3701-3710.

［13］ Zhu X, Jing X, Cheng L. Magnetorheological fluid dampers: A review on structure design and analysis［J］. Journal of Intelligent Material Systems and Structures, 2012, 23(8):

839-873.

［14］廖昌荣，余淼，陈伟民，等. 基于 Eyring 本构模型的磁流变液阻尼器设计原理与试验研究［J］. 机械工程学报，2005，14（10）：132-136.

［15］廖昌荣，余淼，李立新，等. 基于 Poiseuille 流动的汽车磁流变减振器分析与测试［J］. 化学物理学报，2001，14（5）：69-74.

［16］Wang D H, Ai H X, Liao W H. A magnetorheological valve with both annular and radial fluid flow resistance gaps［J］. Smart Materials and Structures, 2009, 18（11）: 115001.

［17］Yu M, Wang S, Fu J, et al. Unsteady analysis for oscillatory flow of magnetorheological fluid dampers based on Bingham plastic and Herschel—Bulkley models［J］. Journal of Intelligent Material Systems and Structures, 2013, 24（9）: 1067-1078.

［18］Wereley N M, Pang L. Nondimensional analysis of semi-active electrorheological and magnetorheological dampers using approximate parallel plate models［J］. Smart Materials and Structures, 1998, 7（5）: 732.

［19］廖昌荣，余淼，张红辉，等. 汽车磁流变液减振器阻尼力计算方法［J］. 中国公路学报，2006，19（1）：113-116.

［20］Carlson J D, M R Jolly, MR fluid, foam and elastomer devices［J］, Mechatr-onics, 2000, （10）:555-569.

［21］Carlson J D. Low-cost MR fluid sponge devices. Journal of Intelligent Material Systems and Structures［J］. 1999, 10: 589-594.

［22］J David Carlson. Sponge wrings cost from MR-fluid devices［J］. machine design, 2001, 2, 73-75.

［23］Chrzan M J, Carlson J D. MR fluid sponge devices and their use in vibration control of washing machines. Smart Structures and Materials：Damping and Isolation［J］. 2001, 4331: 370.

［24］Winter, Benjamin D. STRUCTURAL CONTROL OF A SMALL-SCALE TEST-BED SHAKER STRUCTURE USING A SPONGE-TYPE MAGNETO-RHEOLOGICAL FLUID DAMPER［D］. Michigan Technological University, 2013.

［25］Carlson J D, Catanzarite D M, Clair K A St. Commercial magneto-rheological fluid devices. Proc. Fifth Int. Conf. on ER Fluids, MR Fluids and Associated Technology, U. K. , 1995, 20:2.

［26］Jason, E, Lindler, Glen, A. Dimock and Norman M. Wereley, Design of A Magnetorheological Automative Shock Absober, SPIE, 2000, 3985:426-437.

［27］王四棋. 磁流变阻尼器内流体状态分析及自供能监测系统研究［D］. 重庆：重庆大学，2013.

［28］廖昌荣. 汽车悬架系统磁流变阻尼器研究［D］. 重庆：重庆大学，2001.

［29］余淼. 汽车磁流变半主动悬架控制系统研究［D］. 重庆：重庆大学，2003.

［30］DONG X M, M YU, LI Z S, et al. Neural network compensation of semi-active control for magneto-rheological suspension with time delay uncertainty［J］. Smart Materials and Structures, 2009, 18: 015014.

［31］DONG X M, YU M, Li Z S, et al. A comparison of suitable control methods for full vehicle with four MR dampers, part I: formulation of control schemes and numerical simulation [J]. Journal of Intelligent Material Systems and Structures, 2009,20: 771-786.

[32] DONG X M,YU M,LI Z S, et al. A comparison of suitable control methods for full vehicle with four MR dampers part II: controller synthesis and road test validation [J]. Journal of Intelligent Material Systems and Structures, 2009,20: 1107-1119.

[33] Yu M, Dong X M, Choi S B, et al. Human simulated intelligent control of vehicle suspension system with MR dampers[J]. Journal of Sound and Vibration, 2009, 319(3): 753-767.

[34] Lai C Y, Liao W H. Vibration control of a suspension system via a magnetorheological fluid damper[J]. Journal of Vibration and Control, 2002, 8(4): 527-547.

[35] Yang G, Spencer Jr B F, Carlson J D, et al. Large-scale MR fluid dampers: modeling and dynamic performance considerations[J]. Engineering structures, 2002, 24(3): 309-323.

[36] Gong X, Ruan X, Xuan S, et al. Magnetorheological Damper Working in Squeeze Mode[J]. Advances in Mechanical Engineering, 2014.

[37] 李忠献, 周云. 磁流变阻尼器的构造设计及其阻尼力性能的试验研究[J]. 地震工程与工程振动, 2003, 23(1): 128-132.

[38] Poynor J C. Innovative designs for magneto-rheological dampers[D]. Virginia Polytechnic Institute and State University, 2001.

[39] MR 180KN Damper, Product Bulletin, Lord Corporation, http://www.lord.com/.

[40] Fernando D. Goncalves, Jeong-Hoi Koo, Mehdi Ahmadian. Experimental Approach for Finding the Response Time of MR Dampers for Vehicle Applications, DETC 2003 Biennial Conference on Mechanical Vibration and Noise, Chicago, USA, September 2-6, 2003.

[41] Goncalves, F D, Ahmadian, M. An Investigation of the Response Time of Magneto-Rheological Fluid Dampers, Proceedings of SPIE 2004 Smart Structures and Materials/NDE, San Diego, CA, March 2004.

[42] Yang G, Ramallo J C, Spencer Jr. B F, et al. Dynamic Performance of large-scale MR fluid dampers[A]. Proceedings of 14th ASCE Engineering Mechanics Conference[C], Austin, Texas, 2000.

[43] Yang G, Ramallo J C, Spencer Jr. B F, et al. Large-scale MR fluid dampers: dynamic performance consideration[A]. Proceedings of International Conference on Advances in Structure Dynamics[C], vol. 1, Hong Kong, China, 2000.

[44] Naoyuki Takesue, Junji Furusho, Yuuki Kiyota. Analytic and Experimental Study on Fast Response MR-Fluid Actuator, Proceedings of the 2003 IEEE International Conference on Robotics & Automation Taipei, Taiwan, September 14-19. 2003: 202-207.

[45] Chooi W W, Oyadiji S O. The relative transient response of MR fluids subjected to magnetic fields under constant shear conditions[C]//Smart Structures and Materials. International Society for Optics and Photonics, 2005: 456-465.

[46] Sahin H, Gordaninejad F, Wang X, et al. Response time of magnetorheological fluids and magnetorheological valves under various flow conditions[J]. Journal of Intelligent Material Systems and Structures, 2012, 23(9): 949-957.

[47] Ulicny J C, Golden M A, Namuduri C S, et al. Transient response of magnetorheological fluids: Shear flow between concentric cylinders[J]. Journal of Rheology, 2005, 49: 87.

[48] 关新春, 欧进萍. 磁流变减振驱动器的响应时间试验与分析[J]. 地震工程与工程振动, 2002, 22(6): 96-102.

[49] 郭鹏飞, 关新春, 欧进萍. 磁流变液阻尼器响应时间的试验研究及其动态磁场有限元分析 [J]. 振动与冲击, 2009, 28(6): 1-5.

[50] 关新春, 欧进萍. 磁流变减振驱动器的响应时间试验与分析[J]. 地震工程与工程振动, 2002(6): 96-102.

[51] 黄曦, 余淼, 等. 磁流变液阻尼器动态响应及其影响因素分析[J]. 功能材料, 2006, 5 (37): 808-810.

[52] 毛林章, 余淼, 陈爱军, 等. 汽车磁流变阻尼器动态响应测试方法[J]. 功能材料, 2006, 5(37): 739-741.

[53] 杨百炼, 鲁嘉, 张登友, 等. 汽车磁流变阻尼器响应时间研究[J]. 客车技术与研究, 2010(6): 005.

[54] 张红辉, 童静, 徐海鹏. 车辆悬架磁流变阻尼器动态响应及影响因素分析[J]. 重庆大学学报: 自然科学版, 2010, 33(12): 88-94.

[55] 吕建刚, 易当祥, 等. 履带车辆磁流变减振器响应时间研究[J]. 实验力学. 2001, 16(3): 320-324.

[56] 张进秋, 张磊, 高永强, 等. 磁流变阻尼器响应时间仿真与试验研究[J]. 装甲兵工程学院学报, 2011, 25(6): 29-34.

[57] 潘存治, 杨绍普. 磁流变阻尼器及其控制系统动态响应试验研究[J]. 石家庄铁道学院学报, 2005, 18(4): 1-4.

[58] 王宇飞, 何琳, 单树军. 磁流变阻尼器响应时间的影响因素和优化途径研究[J]. 船海工程, 2006, 35(6): 103-106.

[59] 祝长生. 盘型磁流变流体阻尼器悬臂转子系统响应时间测试[J]. 航空动力学报, 2006, 21(3): 550-555.

[60] Koo J H, Goncalves F D, Ahmadian M. A comprehensive analysis of the response time of MR dampers[J]. Smart materials and structures, 2006, 15(2): 351.

[61] Zhu C. The response time of a rotor system with a disk-type magnetorheological fluid damper [J]. International Journal of Modern Physics B, 2005, 19(07n09): 1506-1512.

[62] Milecki A. Investigation of dynamic properties and control method influences on MR fluid dampers' performance[J]. Journal of intelligent material systems and structures, 2002, 13 (7-8): 453-458.

[63] Satsua Soda, Haruhide Kusumoto, et al. Semi-active seismic response control of base-isolated building with MR damper [C]. Proceedings of SPIE, 2003, Vol. 5052: 460-467.

[64] 刘亚俊, 赵生权, 刘崴. 泡沫金属制备方法及其研究概况[J]. 现代制造工程, 2004(9): 83-87.

[65] 于英华, 梁冰, 李智超. 多孔泡沫金属研究现状及分析[J]. 青岛建筑工程学院学报, 2003, 24(1): 54-57.

［66］周照耀,吴峥强,邵明.烧结金属多孔材料孔隙的研究［J］.粉末冶金工业,2005,15(4):
6-10.

［67］左孝青,孙加林.泡沫金属的性能及应用研究进展［J］.昆明理工大学学报:理工版,
2005,30(1):13-17.

［68］Davies G J.泡沫金属的生产与应用［J］.上海有色金属,1985,2(6):36-42.

［69］任明星,李邦盛,杨闯,等.微尺度腔内液态金属流动规律模拟研究［J］.物理学报,
2008,57(8):5063-5070.

［70］凌智勇,丁建宁,杨继昌,等.微流动的研究现状及影响因素［J］.江苏大学学报,2002.
11,23(6):1-5.

［71］李勇,江小宁,周兆英,等.微管道流体的流动特性［J］.中国机械工程,1994,5(3):
23-27.

［72］陶然,权晓波,徐建中.微尺度流动研究中的几个问题［J］.工程热物理学报,2001.9,22
(5):576-580.

［73］Yip R. Slow flow of viscoelastic fluids through fibrous porous media［D］. University of Toron-
to, 2011.

［74］Shulman Z P, Kordonsky W I, Magnetorheological effect［J］. M. :Nauka i Tehnika, 1982.

［75］Recebli Z, Kurt H. Two-phase steady flow along a horizontal glass pipe in the presence of the
magnetic and electrical fields［J］. International Journal of Heat and Fluid Flow, 2008, 29
(1): 263-268.

［76］Gedik E, Kurt H, Recebli Z, et al. Unsteady flow of two-phase fluid in circular pipes under
applied external magnetic and electrical fields［J］. International Journal of Thermal Sciences,
2012, 53: 156-165.

［77］Balan C, Broboana D, Gheorghiu E, et al. Rheological characterization of complex fluids in
electro-magnetic fields［J］. Journal of Non-Newtonian Fluid Mechanics, 2008, 154(1):
22-30.

［78］Pavel Kuzhir, Georges Bossis. Flow of magnetorheological fluid through porous media［J］,
European Journal of Mechanics, 2003, (22):331-343.

［79］T Ricken, R de Boer. Multiphase flow in a capillary porous mediun［J］. Computational Mate-
rials Science, 2003,(28):704-713.

［80］Victor Bashtovoia, Georges Bossis. Magnetic field effect on capillary rise of magnetic fluids
［J］. Journal of Magnetism and Magnetic Materials, 2005(289):376-378.

［81］X H Liu, P L Wong, W Wang et al. Modelling of the B-field effect on the free surface of
magneto-rheological fluids［J］. Journal of Physics: Conference Series, 2009(149):012072.

［82］Gedik E, Kurt H, Recebli Z, et al. Two-dimensional CFD simulation of magnetorheological
fluid between two fixed parallel plates applied external magnetic field［J］. Computers & Flu-
ids, 2012, 63: 128-134.

［83］Whiteley J,Gordaninejad F,Wang X J. Magnetorheological fluid flow in microchannels［J］.
Journal of Applied Mechanics,2010, 77: 041011-1- 041011-10.

［84］Bruno N M, Ciocanel C, Kipple A. Modeling flow of magnetorheological fluid through a micro-channel［C］//Proceedings of the COMSOL Conference 2009 Boston. 2009：1-7.

［85］Zhu CS. Experimental investigation on the dynamic behavior of a disk-type damper based on magnetorheological grease. Journal of Intelligent Material Systems and Structures［J］. 2006, 17：793-799.

［86］祝长生. 剪切型磁流变脂阻尼器转子系统的动力特性［J］. 机械工程学报. 2006, 42 (10)：91-94.

［87］徐平,王洋. 基于磁流体-泡沫金属的机床颤振在线监控系统［J］. 机械制造. 2005(6)：52-55.

［88］李明章,焦映厚. 磁流体-泡沫金属阻尼器减振性能的研究［J］. 哈尔滨工业大学学报, 2006,38(2)：177-179.

［89］Hu W, Robinson R, Wereley N M. A design strategy for magnetorheological dampers using porous valves［C］//Journal of Physics：Conference Series. IOP Publishing, 2009, 149 (1)：012056.

［90］Cook E, Hu W, Wereley NM. Magnetorheological bypass damper exploiting flow through a porous channel. Journal of Intelligent Material Systems and Structures［J］. 2007, 18：1197-1203.

［91］R Robinson, W Hu, N M Wereley. Linking Porosity and Tortuosity to the Performance of a Magneto-Rheological Damper Employing a Valve Filled With Porous Media. IEEE Transactions on Magnetics［J］. 2010,46(6)：2156-2159.

［92］Wereley N M. Hu W, Cook E, et al. System and method for magnetorheological-fluid damping utilizing porous media：U. S. Patent 7,874,407［P］. 2011-1-25.

［93］Carlson J D, Jolly MR. MR fluid,foam and elastomer devices,Mechatronics［J］. 2000,10：555-569.

［94］Liu X H, Wong P L, Wang W, et al. Feasibility Study on the Storage of Magnetorheological Fluid Using Metal Foams［J］. Journal of Intelligent Material Systems and Structures, 2010, 21(12)：1193-1200.

［95］刘旭辉. 基于多孔泡沫金属的磁流变液阻尼材料的理论及实验研究［D］. 上海：上海大学,2009.

第 2 章
多孔材料的参数选择及其特性测试

本章研究了选择多孔泡沫金属用于储存磁流变液并产生阻尼的依据及可行性,并对多孔泡沫金属的性能进行了测试。根据磁流变液的物理特性,提出了多孔材料的参数选择依据,根据液体在毛细管内上升的现象,实验测得了上升到毛细管内磁流变液的性能(密度)变化,据此对多孔材料的孔径进行了初步选择;测试了几种常见的多孔金属材料储存磁流变液的能力和磁流变液通过后的渗透情况,提出了选择多孔泡沫金属的依据;采用石蜡熔融法,得到了多孔泡沫金属的孔隙率,通过简易的实验得到了渗透性能与孔隙率的关系以及磁流变液在通过多孔泡沫金属后的性能(密度)变化,结果表明,在通过多孔泡沫金属后,磁流变液的性能(密度)变化很小,验证了采用多孔泡沫金属储存磁流变液在结构上的可行性;研究了3种多孔泡沫金属(铜、铁和镍)的相对磁导率,并进行了计算。利用设计的实验台,研究了不同材料以及不同厚度的多孔泡沫金属对磁感应强度的影响,为下一步的理论研究和测试提供了实验依据。

2.1　多孔材料的参数选择依据

多孔材料结构参数的选择主要考虑以下几个方面的要求:

①多孔材料的孔径适中,如果孔径过大,储存的磁流变液由于所受的毛细管力过小而产生泄漏。如果孔径过小,会引起磁流变液中固体磁性颗粒堵塞多孔材料的孔隙而影响析出磁流变液的体积和性能。

②多孔材料的孔隙率大,这样可以储存更多的磁流变液,产生更加明显的磁流变效应。

③多孔材料的硬度大,在磁流变液产生磁流变效应后,可以更好地防止活塞运动带来的磨损。

④多孔材料的渗透效果好,不能影响磁流变液通过后的性能。

2.1.1　多孔材料的孔径

一般地,由于毛细管力的作用,固液二相流在通过小孔径材料时,容易产生分层现象,而绝大多数磁流变液是硅油和铁粉的混合物,在多孔材料内部流动的过程中,毛细管力会直接影响磁流变液的性能,从而影响被磁场抽出的磁流变液产生的阻尼效果。

多孔材料的孔径对磁流变液流动时的性能影响,可以采用在毛细管中的流动来进行近似描述,实验所用的材料如下:

①点样毛细管,内径分别是 0.1,0.2,0.3,0.6 和 0.88 mm;

②磁流变液,由 Lord 公司生产,型号为 MRF-132DG,颗粒的质量百分含量是 80.98%,密度是 2.77 g/cm³。

磁流变液在毛细管内运动时,影响其上升高度的主要物理特性包括磁流变液的表面接触角、团聚情况和颗粒的大小等,实验前对这些特性进行了测试,如图 2.1 所示,其中,测试团聚和颗粒大小采用的是扫描电镜。

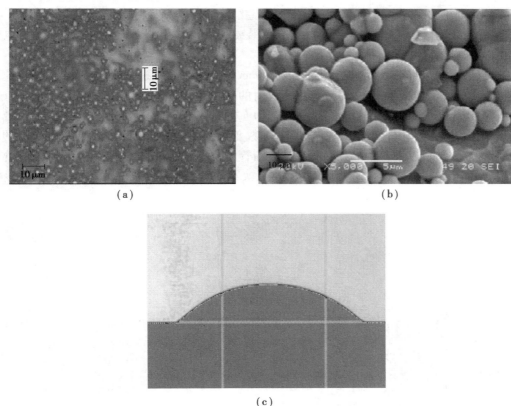

图 2.1　磁流变液的物理特征

(a)磁流变液的团聚;(b)磁流变液的颗粒大小;(c)磁流变液的接触角

其测试的原理为:将毛细管插入磁流变液中,管内液面将呈凹形,由于凹液面的附加压力 Δp 小于 0,管内液面所受的压力小于管外液面的压力,因此管外的液体将自动流入管内,导致管内液柱上升,直到上升的液柱产生的静压力 $\rho g h$ 等于附加压力 Δp 时,系统达到平衡态,如图 2.2 所示。

上升的高度可用如下公式计算:

$$h = \frac{2\sigma \cos \theta}{r_c \rho g} \tag{2.1}$$

式中　h——磁流变液上升的高度;

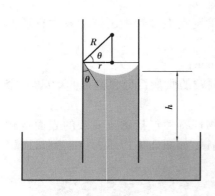

图 2.2　毛细管作用的几何关系

ρ——液体的密度，kg/m^3；

g——重力加速度，m/s^2；

σ——液体和空气之间的表面张力系数，N/m；

θ——接触角，$(°)$；

r_c——毛细管半径，m。

实验装置如图 2.3 所示，取 50 mL 的磁流变液，利用振动搅拌器搅匀，在真空泵中抽真空 20 min，待磁流变液中没有明显的气泡冒出为止，备用。实验过程如下：

①测出毛细管的内径；

②将盛装磁流变液的烧杯放在电子天平上，将电子天平归零；

③将毛细管的端部插入磁流变液中，深约 1 mm，固定毛细管，磁流变液在毛细管内迅速上升，大约 3 min，待磁流变液上升稳定后，记下此时的高度 h_1。

另取 5 支相同内径的毛细管，重复实验，记为 h_2，h_3，h_4 和 h_5，其平均值 h 即为磁流变液在毛细管中的上升高度，并分别记下数字天平的示数变化，这就是磁流变液在毛细管中上升的质量。根据磁流变液在毛细管中上升的高度和毛细管的内径，计算出磁流变液上升到毛细管中的体积 V_1，V_2，V_3，V_4 和 V_5，从而得到其密度。更换不同内径的毛细管，按照上述方法重复实验。根据

$$\frac{1}{4}\pi D^2 h\rho = m \tag{2.2}$$

可以得到上升的磁流变液密度

$$\rho = \frac{4m}{\pi D^2 h} \tag{2.3}$$

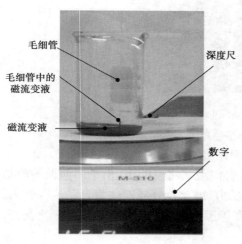

图 2.3　磁流变液在毛细管中上升的实验

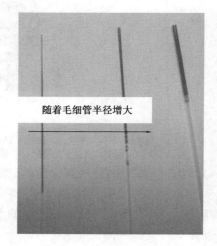

图 2.4　毛细管内的磁流变液

实验后的效果如图 2.4 所示，测试结果如图 2.5 和图 2.6 所示。

图 2.5 表明，随着毛细管内径的增加，磁流变液液柱上升的高度越小。

图 2.6 中的上下误差线为采用相同内径的毛细管时得到的密度变化值，从图中可以看出，

对于内径大于 0.3 mm 的毛细管,在毛细管作用力下,上升到毛细管内的磁流变液密度与初始的磁流变液密度相比,变化较小;对于内径为 0.1 mm 的毛细管,上升到毛细管内的磁流变液密度与初始密度相比,变化很明显,最大变化了 20% ,而且测试结果不稳定。根据图 2.1,这可能是因为磁流变液内部颗粒沉淀和团聚影响了上升到毛细管内的磁流变液的性能。

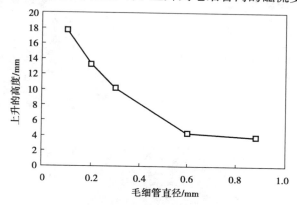

图 2.5　磁流变液液柱上升的高度与毛细管直径的关系

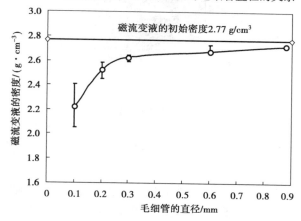

图 2.6　毛细管内磁流变液的密度与直径的关系

磁流变液在毛细管中上升的实验表明,选择的多孔材料的孔径应该在 0.1 mm 以上,如果孔径过小,将会影响磁流变液的性能。

2.1.2　多孔金属材料的类型及其渗透效果

在初步的测试中,选择的是中国科技大学提供的 KDC-1 型磁流变液,其组成为:羧基铁粉,密度是 2.26 g/cm³,球粒平均直径是 3.3 μm,基液为合成油,粘度是 1.0 Pa·s,密度是 0.85 g/cm³,铁粉的体积百分含量为 20% ,磁流变液密度约为 2.13 g/cm³;在孔径或者等效孔径在 0.1 mm 及以上的材料中,待选择的常见多孔金属材料主要包括含油轴承、烧结滤芯和多孔泡沫金属,分别如图 2.7 所示。

为了比较这几种材料能够储存磁流变液的相对量,将多孔金属材料浸泡在磁流变液中,同时进行真空处理,确保多孔金属材料的孔隙内充满磁流变液,取出多孔金属材料,将表面擦干净,测出多孔金属材料在浸泡磁流变液前后的质量差,以此质量差除以磁流变液的密度,即得

（a）

（b）

（c）

图 2.7　典型的多孔金属材料
（a）烧结滤芯；（b）含油轴承；（c）多孔泡沫金属

到多孔金属材料可以储存磁流变液的体积。针对图 2.7（a）、（b）中的两种粉末冶金烧结金属，实验现象及结果如下：

①单位体积内，烧结滤芯吸入磁流变液的量比含油轴承大，含油轴承的吸收量最差，实验中遗留在含油轴承表面的磁流变液可能引起一定的误差，但相比较而言，其储存磁流变液的量最小。

②由于含油轴承和烧结滤芯都是烧结而成的，其主要的差别在于所选用的烧结金属颗粒大小以及孔隙率不同，磁流变液在含油轴承中的渗透现象很不明显，主要是因为含油轴承的孔隙率太小而厚度较大。目前国内的粉末冶金含油轴承，其含油率（孔隙率）最高是 35%，达不到储存足量磁流变液的目的。

其他影响实验效果的原因有：磁流变液的沉淀、孔隙分布不均和材料厚度大等，这些都影响了材料储存磁流变液的量。对于烧结滤芯的渗透效果检测，进行了如下实验：

①为了减小磁流变液中的气泡对实验效果的影响，先将装有搅匀了的磁流变液的烧杯进行真空处理，直到磁流变液中的气泡不再明显为止；

②取一块洁净的平板玻璃，其面积大小以方便在真空泵中取出为宜，但应大于滤芯环形面积；

③在平板玻璃上预先涂上磁流变液，主要用来进行底部的预密封；

④将磁流变液通过玻璃棒导入烧结滤芯中，然后再作真空处理。

图 2.8 为利用 SEM 观察到的烧结滤芯在渗透前后的效果。图 2.8(a)是烧结滤芯的扫描电镜图,图 2.8(b)是磁流变液通过后的烧结滤芯。对比渗透前后材料的微观图像,发现磁流变液在烧结滤芯内部渗透的过程中,产生了严重的堵塞现象,影响了磁流变液的流动和渗透后磁流变液的性能,而初步的结果显示,磁流变液在多孔泡沫金属中流动时没有发现这种现象,因此在设计中倾向于采用多孔泡沫金属。

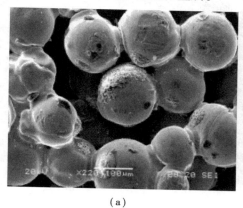 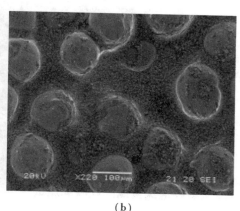

(a)　　　　　　　　　　　　　　　　(b)

图 2.8　磁流变液渗透前后的烧结滤芯
(a)渗透前;(b)渗透后堵塞严重

2.2　多孔泡沫金属及其性能测试

2.2.1　多孔泡沫金属的生产过程

本实验中所用的多孔泡沫金属由广西梧州三和新材料有限公司提供,其制作过程如图2.9所示。根据该过程所生产的多孔泡沫金属为全开孔材料。

PU海绵 —— 导电化处理 —— 电化学沉积金属 —— 氧化除去PU海绵

多孔泡沫金属 —— 尺寸裁剪、整形 —— 氢气保护高温还原

图 2.9　多孔泡沫金属的生产过程

通过扫描电镜观察到多孔泡沫金属呈网状的交叉结构,通过变换加工电流和 PU 海绵模具,可以得到不同硬度和孔径的多孔泡沫金属。图 2.10 为得到的多孔泡沫金属的内部结构样图。

图 2.10 表明,用此法制得的多孔泡沫金属呈三维网状均匀结构,平均孔径为 100～700 μm,组成多孔泡沫金属的金属丝纵横交错,每一连接点一般由 3～5 根金属丝交叉形成。

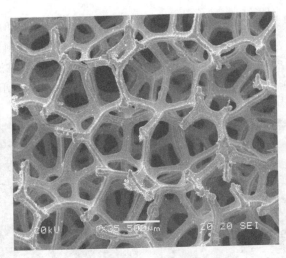

图 2.10　多孔泡沫金属内部结构

2.2.2　多孔泡沫金属的孔隙率测试

孔隙率是多孔材料内部孔隙的总体积与多孔材料的体积之比,其测试方法主要是石蜡熔融法,具体如下:

①剪切规则的多孔金属材料,算出其体积,这是多孔材料的总体积。

②利用量筒测出石蜡的密度,主要原理是浮力法。

③把石蜡熔融,将多孔泡沫金属浸泡在熔融状态的石蜡中,保持熔融状态 5 min 左右,让熔化的石蜡充分进入多孔泡沫金属中,冷却。

④刮去表面的石蜡,测出多孔泡沫金属在浸泡石蜡前后的质量差,此质量差即为进入多孔泡沫金属内的石蜡质量。

⑤根据石蜡的密度和孔隙率的定义,计算出多孔泡沫金属材料的孔隙率。

根据以上方法测试了 5 种不同孔径的多孔泡沫金属,其内部结构如图 2.11 所示。

采用浮力法测出石蜡密度为 0.93 g/cm³,根据进入多孔泡沫金属内的石蜡的质量,可计算出进入多孔泡沫金属内的石蜡的体积,这就是多孔泡沫金属孔隙的总体积,由此得到多孔泡沫金属的孔隙率,如表 2.1 所示。

表 2.1　多孔泡沫金属的孔隙率

编号 孔隙率/%	1	2	3	4	5
β_1	66.37	60.13	84.30	75.20	67.96
β_2	65.25	58.90	85.34	74.63	68.40
β_3	64.92	59.12	85.50	75.97	68.07
$\beta_{平均}$	65.51	59.41	85.05	75.27	68.14

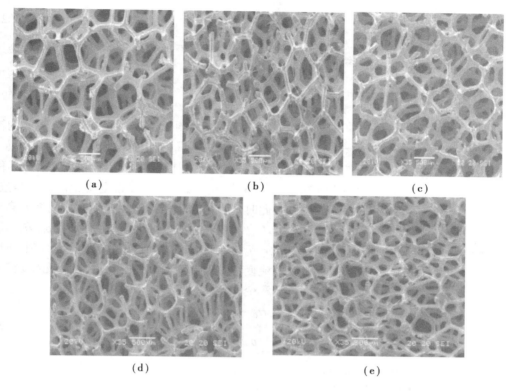

（a）　　　　　　　　　（b）　　　　　　　　　（c）

（d）　　　　　　　　　　　　　　（e）

图 2.11　5 种不同孔径的多孔泡沫金属

（从左到右编号,上:1,2,3,下:4,5）

表 2.1 表明,多孔泡沫金属的孔隙率可以达到 85% 以上,可以用于储存足量的磁流变液,并制作新型阻尼材料。

2.2.3　多孔泡沫金属的渗透性能测试

多孔材料的渗透性能定义为流体在一定的压差下透过多孔材料的能力,其大小主要取决于流体的特性、多孔材料的孔隙率、孔隙形状以及多孔材料的厚度等,对于研究中所用的多孔泡沫金属材料,渗透性能是一个关键指标。

根据实验设计,磁流变液在通过多孔泡沫金属材料时遵守达西(Darcy)关系规律,得

$$\frac{Q}{A} = B \frac{\Delta p}{\eta \delta} \tag{2.4}$$

式中　Q——流体的流量,m^3/s;

　　　A——流体通过的截面积,m^2;

　　　B——多孔材料的透过系数,m^2;

　　　Δp——流体在多孔材料两端的压力差,Pa;

　　　η——流体的粘度,$Pa \cdot s$;

　　　δ——多孔材料的厚度,m;

　　　$\Delta p/\delta$——压力梯度,Pa/m。

在稳流情况下,液体的透过系数为

$$B = \frac{Q}{A} \frac{\eta\delta}{\Delta p} \tag{2.5}$$

在实际的设计和工程中,常采用相对透过系数 K 来衡量:

$$K = \frac{B}{\eta\delta} \tag{2.6}$$

根据上述测试原理,对多孔泡沫金属的渗透系数进行了测试,其示意图如图 2.12 所示。

根据图 2.12,取量筒中磁流变液体积为 N mL,其中,参数 N 可以根据实验情况适当选取,此时记为初始时刻 $t = t_0 = 0$,对应的液面高度为 H_0,作用在多孔泡沫金属上的压差为 $\rho_0 g H_0$,其中,ρ_0 为磁流变液的初始密度。当到达时刻 t 时,磁流变液液面高度由 H_0 变为 $H(t)$,磁流变液的体积变化,根据式(2.4)和式(2.6)有

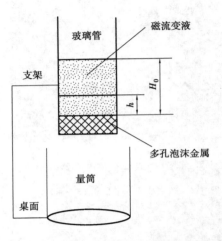

图 2.12　多孔泡沫金属渗透系数的测试示意图

$$
\begin{aligned}
V &= S_0 [H_0 - H(t)] \\
&= KA \int_{t_0}^{t_1} \rho_0 g H(t)\,\mathrm{d}t
\end{aligned} \tag{2.7}
$$

式中　S_0——玻璃管的横截面积,m^2;

　　　H_0——起始时刻液面的高度,m;

　　　K——渗透系数,$\mathrm{m}^2 \cdot \mathrm{s} / \mathrm{kg}$;

　　　A——磁流变液通过的多孔泡沫金属的面积,此处等于 S_0。

因 $t_0 = 0$,式(2.7)变为

$$H_0 - H(t) = KA \int_0^{t_1} \rho_0 g H(t)\,\mathrm{d}t \tag{2.8}$$

将 t 时刻的高度记为 h,解方程(2.8)得

$$Kt = \frac{\ln H_0 - \ln h}{\rho_0 g} \tag{2.9}$$

其中,ρ_0,H_0 为已知量,测出 t 时刻磁流变液液面的高度 h,即可得到渗透系数。

多孔泡沫金属渗透系数的测试装置主要由多孔泡沫金属、玻璃管和量筒三部分组成,磁流变液的密度由厂家提供。利用卡尺测出玻璃管内径,用胶水将多孔泡沫金属贴在玻璃管的一端,按照原理图固定好玻璃管,让玻璃管的中心线尽量和量筒的中心线靠近,保证渗透出的磁流变液都能流到量筒中。

实验步骤如下:为将磁流变液通过玻璃棒导流到玻璃管,等量筒中磁流变液的体积到达 V_1 时,按下秒表开始计时,到 V_2 时,记下这个时间间隔,根据几何关系,将上述时间间隔内的体积差转化为玻璃管中磁流变液下降的高度,根据式(2.9)算出相对渗透系数。

玻璃管的直径为 15.20 mm,磁流变液初始密度为 $\rho_0 = 2.71$ g / cm^3,得到的渗透系数计算数据如表 2.2 所示。

表2.2 多孔泡沫金属渗透系数计算数据

测试样品代号	初始高度 H_0/cm	间隔时间 t/s	渗透出的体积 V/mL
1	2.63	141	4
2	2.70	175	3.5
3	1.74	33.6	3
4	2.58	37.5	3.5
5	3.6	33.5	3

根据式(2.9),将渗透率的表达式变形得

$$K = \frac{\ln H_0 - \ln h}{\rho_0 gt} = \frac{\ln H_0 - \ln\left(H_0 - \frac{4V}{\pi D_c^2}\right)}{\rho_0 gt} \tag{2.10}$$

式中 D_c——玻璃管的直径,cm。

代入数据整理后,得到多孔泡沫金属的透过性能与孔隙率的关系如图2.13所示,并与参考文献提出的经验公式做了比较。

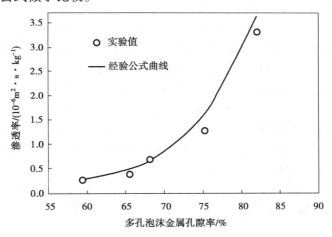

图2.13 多孔材料的透过性能与孔隙率的关系

实验过程中的误差分析如下:

①由于磁流变液为黑色两相流液体,直接通过目测难以知道内部液面下降的高度,本实验利用量筒测得了其下降的体积,转化为玻璃管内部的液面下降高度,由于部分漏出多孔泡沫金属而没有到达量筒内的磁流变液主要采用目测估算,从而造成误差。

②间隔时间主要是利用秒表计时,时间的误差对结果有一定的影响。

③由于多孔泡沫金属的孔径远大于磁性颗粒的直径,所以没有考虑其中磁性颗粒堵塞的影响。

根据实验获得通过多孔泡沫金属后的磁流变液,测出其密度,得到了其与多孔泡沫金属孔隙率的关系如图2.14所示,可知磁流变液在通过多孔泡沫金属后,密度均减小,最大减小值为2.5%,可以认为磁流变液的性能基本上没有变化。

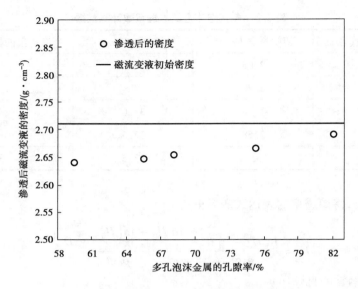

图2.14 磁流变液通过多孔材料后的密度

2.2.4 多孔泡沫金属的磁特性测试

由于导磁材料内部有许多小区域磁畴,所以能够被磁场磁化,在没有外磁场作用时,这些磁畴排列的方向是杂乱无章的,如图2.15(a)所示,小磁畴间的磁场相互抵消,对外不呈现磁性;在施加磁场后,导磁材料中的磁畴会顺着磁场方向转动,随着外磁场加强,转到外磁场方向的磁畴增多,与外磁场同向的磁感应强度就越强,即材料被磁化了。

当磁场继续增大时,与外磁场方向相近的磁畴已经趋向于外磁场方向,那些与磁场方向相差较大的磁畴也开始转向外磁场方向,如图2.15(b)所示。因此磁感应强度 B 随磁场强度 H 增大而急剧上升,当大部分磁畴趋向外磁场后,再增加磁场强度,可转动的磁畴越来越少,直到没有可转动的磁畴,材料磁性能进入饱和阶段。

(a)   (b)

图2.15 磁性物质的磁化过程
(a)未磁化;(b)已磁化

多孔泡沫金属的磁性能主要由振动样品磁强计测试,测试的材料是由某公司提供的多孔泡沫金属铁、镍和铜,测得它们的相对磁导率如图2.16所示。图2.16表明,三种多孔泡沫金属中,多孔泡沫金属铜可以认为没有磁性,其相对磁导率始终保持为1,而多孔泡沫金属铁的初始相对磁导率最大,由图中数据计算得约 2.55,多孔泡沫金属镍约 1.5,由此可以看出多孔泡沫金属铁和镍为导磁材料。

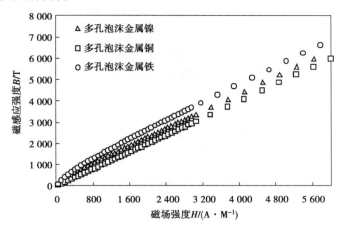

图 2.16　多孔泡沫金属材料的相对磁导率

根据多孔泡沫金属的孔隙率以及测得的磁特性,初步研究了组成多孔泡沫金属的金属材料的磁特性,所采用的计算模型如图 2.17 所示。其中,用于计算的多孔泡沫金属的参数如表 2.3 所示。

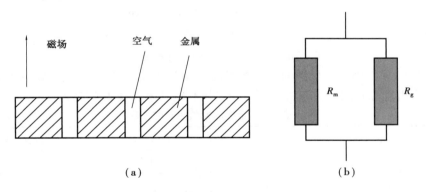

（a）　　　　　　　　　　　（b）

图 2.17　多孔泡沫金属的磁特性计算模型
（a）计算模型;（b）等效磁阻模型

表 2.3　多孔泡沫金属的磁性及结构参数

多孔泡沫金属	初始相对磁导率 μ_r	孔隙率/%	厚度/mm
铜	1	85	1.6
镍	1.5	85	1.6
铁	2.55	85	1.6

根据等效磁阻的计算,空气隙的磁阻与多孔泡沫金属的磁阻为并联关系:

$$\frac{1}{R_p} = \frac{1}{R_m} + \frac{1}{R_g} \tag{2.11}$$

式中　R_p——多孔泡沫金属的磁阻,H;

R_m——金属的磁阻, H;

R_g——空气的磁阻, H。

根据磁阻的计算公式,可以把式(2.11)转化为相对磁导率之间的关系:

$$\mu_m \cdot s_m + s_g = \mu_p \tag{2.12}$$

式中的下标定义同式(2.11)。通过多孔泡沫金属的孔隙率,可以计算得到金属的磁导率。对多孔泡沫金属进行压缩处理后,用振动样品磁强计对多孔泡沫金属内金属的磁导率进行了测试,得到的测试曲线如图 2.18 所示。

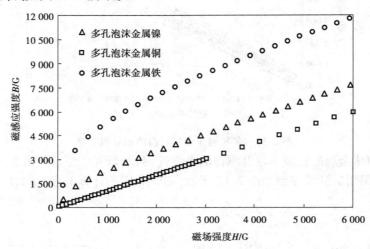

图 2.18　多孔泡沫金属中金属的磁导率测试

图 2.18 中,多孔泡沫金属镍的初始相对磁导率为 4.3,多孔泡沫金属铁的初始相对磁导率为 14.1,采用计算和测试的方法得到的金属相对磁导率如表 2.4 所示。

表 2.4　金属的初始相对磁导率

金属	计算值	实验值	误差/%
铜	1	1	0
镍	4.33	4.3	0.7
铁	11.3	14.1	25

表 2.4 中,测试得到的多孔泡沫金属镍的初始相对磁导率和计算得到的相差 0.7%,说明计算过程是可行的,而多孔泡沫金属铁的误差来自孔隙率的测试误差、金属样品制作。

通过设计的测试装置,从实验上研究了不同材料和不同厚度的多孔泡沫金属材料对磁场的影响。实验测试装置如图 2.19 所示,其中铜线圈为 4 200 匝,空气间隙为 10 mm,通过外部电源调节线圈中的电流强度,特斯拉计的探针位于多孔泡沫金属上表面某一固定地方,且不与多孔泡沫金属接触,制作用来固定间隙的定位支架的材料是铝,整个磁回路上的材料为 45# 钢,在加入不同厚度、不同材料的多孔泡沫金属后,通过变换不同的电流,得到间隙内部磁感应强度与外加电流的关系如图 2.20—图 2.23 所示。

实验测试的结果分析:

①图 2.20 和图 2.21 表明,针对厚度相同的多孔泡沫金属,采用多孔泡沫金属铁时,间隙

内的磁感应强度最大,其次是多孔泡沫金属镍,多孔泡沫金属铜最小,这主要与多孔泡沫金属的相对磁导率有关。

图 2.19 多孔泡沫金属对磁场的影响实验

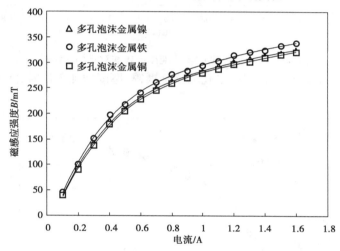

图 2.20 厚度为 1.78 mm 的多孔泡沫金属对磁场的影响

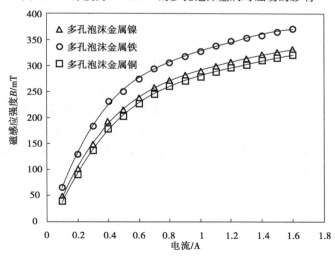

图 2.21 厚度为 5.34 mm 的多孔泡沫金属对磁场的影响

②图 2.22 表明,对磁导率相同的多孔泡沫金属铁,增加厚度,可以增加间隙内部的磁感应强度,在厚度增加 3 倍的条件下,间隙内部的磁感应强度增加约 20%。

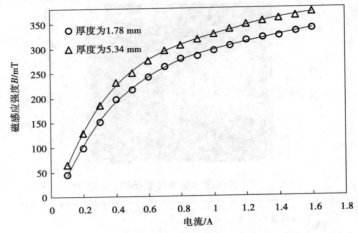

图 2.22　不同厚度的多孔泡沫金属铁对磁场的影响

③图 2.23 表明,对磁导率相同的多孔泡沫金属镍,厚度增加 3 倍时,间隙内部的磁感应强度增加很小,约 2%。

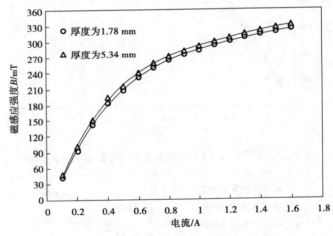

图 2.23　不同厚度的多孔泡沫金属镍对磁场的影响

上述测试表明,增加多孔泡沫金属的厚度会影响间隙内的磁感应强度,采用多孔泡沫金属铁时,间隙内部磁感应强度的增加最明显,其次是多孔泡沫金属镍,多孔泡沫金属铜没有变化,这说明可以通过改变导磁性多孔泡沫金属的厚度来增加间隙内的磁感应强度,材料的相对磁导率越大,间隙内增加的磁感应强度越明显。

2.3　本章小结

　　本章通过实验,确定了多孔材料的孔径范围,在不影响磁流变液性能的情况下,用于储存磁流变液的多孔材料孔径应在 0.1 mm 以上,如果孔径过小,将会影响析出磁流变液的性能;通过对几种常用多孔金属的研究表明,含油轴承的孔隙率小,储存磁流变液的量少,烧结滤芯在磁流变液渗透后,出现了明显的堵塞;对多孔泡沫金属的孔隙率、渗透性能以及磁特性进行了测试研究,结果表明:在通过制得的多孔泡沫金属材料后,磁流变液的密度变化最大为2.5%,可以认为通过多孔泡沫金属后,磁流变液的性能基本不变,从而验证了采用多孔泡沫金属储存磁流变液在结构上的可行性;利用振动样品磁强计分析了 3 种多孔泡沫金属的相对磁导率,采用等效磁阻原理,根据多孔泡沫金属的孔隙特征进行了模拟计算,并与测试的结果进行了比较;利用自行设计的实验台研究了不同材料和不同厚度的多孔泡沫金属对间隙内部磁感应强度的影响。研究结果表明,针对相同厚度的多孔泡沫金属,采用磁导率大的材料,其间隙内部的磁感应强度也越大,而且厚度的变化对磁场的影响最明显。本章的研究为设计多孔泡沫金属磁流变液阻尼材料提供了实验依据。

参考文献

[1] 刘旭辉. 基于多孔泡沫金属的磁流变液阻尼材料的理论及实验研究[D]. 上海:上海大学, 2009.

第3章
磁流变液在泡沫金属中流动的数值模拟

多孔泡沫金属是一种由相互连通的孔洞构成的复杂、交织的三维网状结构材料,其孔径一般在微米或纳米级别,磁流变液在泡沫金属中的流动属于微尺度流动。研究磁流变液在多孔泡沫金属中的流动,不仅结构复杂、干扰因素多,而且所需搭建的实验平台精密度要求高、实验难度大,很难观察到磁流变液的具体流动形态。采用有限元方法仿真,可以方便地模拟各种工况下磁流变液的流动,不仅可以指导磁流变液阻尼器的结构设计,还能预测并分析流动过程中各因素的变化情况,为多孔材料应用于磁流变液阻尼器提供有力的理论依据。

3.1 FLUENT 简介

计算流体动力学(Computational fluid dynamics,CFD)是一种应用离散化的数学方法,对复杂流体各类问题进行数值模拟分析的方法。本质上,FLUENT 是一个求解器,如图 3.1 所示。在用 FLUENT 进行流场仿真之前,首先需要建立网格模型,然后再划分网格,随后在 FLUENT

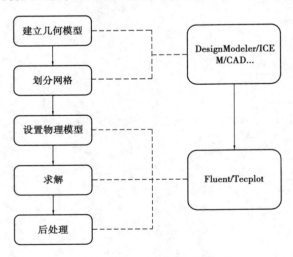

图 3.1　CFD 数值模拟流程

中根据需要设置相应的物性材料、选择计算模型并确定边界条件,调整相应的控制参数,进行数值计算,最终得到求解结果。如有需要,还要根据求解结果决定是否重新划分网格或者修改计算模型,重新计算,直至达到理想结果。

3.2　磁流变液在泡沫金属中流动的运动方程

3.2.1　多孔泡沫金属简化模型

根据磁流变液的成链机理可得,外加磁场为零时,磁流变液分散于泡沫金属中;施加磁场后,磁性颗粒沿着磁场强度的方向成链状结构,如图 3.2 所示。磁场强度越大,链状结构越明显,磁流变效应越强。

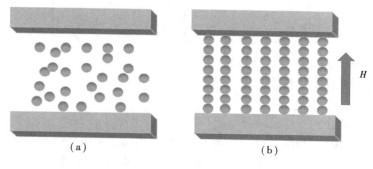

图 3.2　磁流变液的工作原理
(a)外加磁场为零;(b)外加磁场不为零

对于多孔泡沫金属建立模型,一般认为内部结构均匀分布,其中以 Gibson 和 Ashby 在单孔基础上建立的多孔材料理论模型最具代表性。还有学者采用将多孔介质等效为毛细管的方法研究了流体在多孔介质中的流动,将多孔泡沫金属简化为毛细管束,忽略其内部复杂的交叉网状结构,不仅结构简单、实用,而且特别适用于孔隙率较高的泡沫金属。

由于本文重点研究的是磁流变液沿着磁场方向的受力和流动状态,而且泡沫金属孔隙率达到85%甚至更高,不计磁流变液沿其他方向流动的受力,假设泡沫金属各向同性,忽略多孔泡沫金属的弯曲度,将泡沫金属等效为孔径大小相等、分布均匀的圆孔,应用多孔材料的管束模型,将泡沫金属等效为沿着磁场方向的管束,如图 3.3 所示。

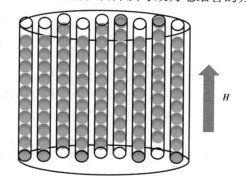

图 3.3　磁流变液管束模型

3.2.2　控制方程

(1)基本控制方程

FLUENT 数值模拟实质上就是对守恒方程的求解过程,具体包括质量守恒、动量守恒和能量守恒。若不考虑温度变化,就变为对质量方程和动量方程的求解。

质量守恒方程可描述为:单位时间内单位体积流体质量的增加等于同一时间间隔内流入该体积的净质量,表示为

$$\frac{\partial \rho}{\partial t} + \nabla \cdot (\rho \boldsymbol{V}) = 0 \tag{3.1}$$

式中　　$\boldsymbol{V}$——流体速度;

　　　　ρ——流体密度。

动量守恒定律可以描述为:单位体积内流体的动量对时间的变化率等于作用于该流体的所有合外力之和,表示为

$$\left. \begin{aligned} \frac{\partial(\rho \boldsymbol{u})}{\partial t} + \nabla \cdot (\rho u \boldsymbol{u}) &= \nabla \cdot (\mu \nabla \boldsymbol{u}) - \frac{\partial p}{\partial x} + S_{\mathrm{u}} \\ \frac{\partial(\rho \boldsymbol{v})}{\partial t} + \nabla \cdot (\rho v \boldsymbol{v}) &= \nabla \cdot (\mu \nabla \boldsymbol{v}) - \frac{\partial p}{\partial y} + S_{\mathrm{v}} \\ \frac{\partial(\rho \boldsymbol{w})}{\partial t} + \nabla \cdot (\rho w \boldsymbol{w}) &= \nabla \cdot (\mu \nabla \boldsymbol{w}) - \frac{\partial p}{\partial z} + S_{\mathrm{w}} \end{aligned} \right\} \tag{3.2}$$

式中　　μ——动力粘度;

　　　　p——流体微元体上的压力;

　　　　S_i——源项。

(2) Maxwell **方程组**

麦克斯韦(Maxwell)方程组是电磁学的基本理论,揭示了静电场和稳恒磁场的基本规律和产生机理。它包括 4 个基本定理:静电场的高斯定理、静电场的环路定理、稳恒磁场的高斯定理及磁场的安培环路定理。利用该方程组可以解决各种电磁场问题,如式(3.3)所示。

$$\left. \begin{aligned} \nabla \cdot \boldsymbol{B} &= 0 \\ \nabla \times \boldsymbol{E} &= -\frac{\partial \boldsymbol{B}}{\partial t} \\ \nabla \cdot \boldsymbol{D} &= q \\ \nabla \times \boldsymbol{H} &= \boldsymbol{J} + \frac{\partial \boldsymbol{D}}{\partial t} \end{aligned} \right\} \tag{3.3}$$

式中　　$\boldsymbol{B}$,$\boldsymbol{E}$——分别为磁场和电场;

　　　　$\boldsymbol{H}$,$\boldsymbol{D}$——分别为磁场强度和电场强度;

　　　　q——电荷密度;

　　　　$\boldsymbol{J}$——电流密度。

若介质各向同性,则方程组满足以下关系:

$$\left. \begin{aligned} \boldsymbol{H} &= \frac{1}{\mu_{\mathrm{e}}} \boldsymbol{B} \\ \boldsymbol{D} &= \varepsilon \boldsymbol{E} \end{aligned} \right\} \tag{3.4}$$

式中　　μ_{e},ε——分别为磁导率和电导率。

这里采用求解磁感应方程组的方法研究流体流动与磁场的关系,电流密度由欧姆定律得到:

$$\boldsymbol{J} = \sigma \boldsymbol{E} \tag{3.5}$$

式中 σ——介质的电导率。

假设磁场强度为 $\boldsymbol{B}$,流体的速度为 $\boldsymbol{V}$,则有

$$\boldsymbol{J} = \sigma(\boldsymbol{E} + \boldsymbol{V} \times \boldsymbol{B}) \tag{3.6}$$

利用 FLUENT 中的磁流体动力学(Magneto Hydro Dynamic,MHD)施加磁场,联立式(3.3)和式(3.6)得到

$$\frac{\partial \boldsymbol{B}}{\partial t} + (\boldsymbol{V} \cdot \nabla)\boldsymbol{B} = \frac{1}{\mu\sigma}\nabla^2\boldsymbol{B} + (\boldsymbol{B} \cdot \nabla)\boldsymbol{V} \tag{3.7}$$

(3)磁流变液控制方程

由于微通道内流体流动的雷诺数一般较小,忽略电场力的作用,得到不可压缩匀质磁流变液在泡沫金属中流动的控制方程。

连续性方程:

$$\nabla \cdot \boldsymbol{V} = 0 \tag{3.8}$$

动量方程:

$$\frac{\mathrm{d}\boldsymbol{V}}{\mathrm{d}t} = \boldsymbol{F} - \frac{1}{\rho}\nabla p + \eta\Delta\boldsymbol{V} \tag{3.9}$$

式中 $\boldsymbol{F}$ 是流体受到的体积力。

磁流变液在泡沫金属中流动时,不仅受到重力作用,还有磁场力及由孔隙造成的压力损失,宏观尺度中可以忽略的表面张力也起到了一定作用。表面张力是分子间的相互作用力,其表观现象是使液体表面收缩的作用力。磁流变液在泡沫金属孔中流动时,由于磁流变液与空气及孔壁之间的表面压差,磁流变液在泡沫金属管中上升。结合式(3.7)和式(3.9),得到修正后的动量方程:

$$\rho\frac{\partial\boldsymbol{V}}{\partial t} = -\nabla p + \eta\nabla^2\boldsymbol{V} - \frac{\mu}{K'}\boldsymbol{V} + [\boldsymbol{J} \times \boldsymbol{B}] - P_G - P_\sigma \tag{3.10}$$

$$\boldsymbol{B} = \boldsymbol{B}_0 + b$$

式中 $\boldsymbol{B}_0, b$——分别为施加的磁场及感应磁场;

K'——流体的渗透率;

P_G——重力;

P_σ——表面张力。

磁场力:

$$F_M = \mu_0\int_{H_1}^{H_2} M\mathrm{d}H \tag{3.11}$$

重力势能:

$$P_G = \rho g h \tag{3.12}$$

表面张力:

$$P_\sigma = \frac{2\sigma_L\cos\theta}{r} \tag{3.13}$$

式中 θ——磁流变液的润湿角;

σ_L——磁流变液的表面张力系数。

3.3　磁流变液在泡沫金属中的流动数值模拟

3.3.1　数值模拟

基于 FLUNT 的数值模拟过程如图 3.4 所示。首先根据实际问题得到简化的几何模型,将几何模型划分为适合的网格,并将网格导入 FLUENT 中,检查网格质量是否符合要求;设置相应流体的物性参数,选择合适的模型,并设置相应的初始条件及监测值,选择合理的离散化方式,初始化后求解;最后对得到的结果进行后处理,必要时需要重复上述过程,直至得到理想的结果。

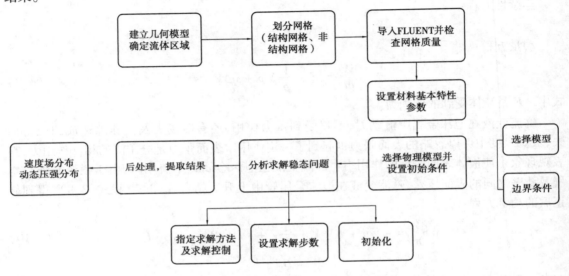

图 3.4　FLUENT 数值模拟流程

(1)建立几何模型

图 3.5 所示为采用 WORKBENCH 13 中的 DeignModeler 模块建立的物理模型,将其设为流体几何区域,中间 1 mm 为多孔介质区域。

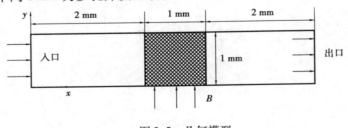

图 3.5　几何模型

(2)划分网格

流动仿真中,网格质量直接决定了仿真结果的合理性。如果网格过多,虽然能够使计算结果更为准确,但计算量大,需要的计算时间过长;若网格太少,又有可能得不到合理的计算结果。因此,合理的网格不仅能够节省系统资源,而且有助于得到更加准确的模拟结果,同时也能加快收敛速度。为此,仿真前首先对网格无关性进行验证。为了检验网格独立性,仿真前采用 FLUENT 的 MESH 单元分别对模型进行粗糙网格划分(Coarse mesh)及精密网格划分(Fine mesh),不断调整单元网格的大小,直至零磁场时磁流变液的速度值变化范围在 5% 以内。经验证,发现单元数目为 2 000 后,速度变化较小。于是,最终取单元网格大小为 0.025 mm,单元数目为 2 000。

(3)将网格导入 FLUENT 并检查网格质量

查看并检查网格体积没有出现负网格,并且最小正交质量达到 0.789,满足要求。

(4)设置材料基本特性参数

这里需要设置多孔介质区域及相应的孔隙率等参数。流体的流动方式采用雷诺数进行判断:

$$Re = \frac{vd}{\eta}$$

式中　v——磁流变液在泡沫金属中流动的平均速度;

　　d 和 η——分别为多孔泡沫金属的直径和磁流变液的运动粘度。

代入相关参数得到 $Re < 2\ 300$,因此,磁流变液在泡沫金属中的流动为层流。

为得到磁流变液在泡沫金属中的流动,还需要知道其黏性阻力和惯性阻力。磁流变液在多孔介质中的流动遵从 Darcy 定律:

$$\frac{Q}{A} = k\frac{\Delta p}{\eta l} \tag{3.14}$$

式中　Q——液体的流量;

　　A——多孔介质的横截面积;

　　k——多孔介质的渗透系数;

　　$\Delta p, l$——分别为多孔介质两端的压力差和多孔介质的厚度;

　　η——液体的粘度。

流体在多孔介质中流动,根据惯性损失的达西定律:

$$\frac{\Delta p}{L} = -\left(\frac{\eta v_s}{\alpha} + R_i\frac{1}{2}\rho v_s^2\right) \tag{3.15}$$

式中　R_i——惯性阻力;

　　L——材料的特征长度;

　　v_s——速度;

　　ρ——流体密度。

多孔材料的孔隙率和渗透率与黏性阻力及惯性阻力由 Ergun 等式描述:

$$\frac{\Delta p}{L} = \frac{150\eta(1-\varepsilon)^2 v_s}{\psi^2 D^2 \varepsilon^3} + \frac{1.75\rho(1-\varepsilon)v_s^2}{\psi D\varepsilon^3} \tag{3.16}$$

$$R_v = \frac{1}{\alpha} = \frac{150\eta(1-\varepsilon)^2}{\psi^2 D^2\varepsilon^3} \tag{3.17}$$

$$R_i = 2\left[\frac{1.75\rho(1-\varepsilon)}{\psi D\varepsilon^3}\right] \tag{3.18}$$

式中　D——孔直径;

  ε——孔隙率；

  ψ——孔圆度(刻画孔接近圆孔程度的大小,孔圆度越大越好)；

  R_v 和 R_i——分别为黏性阻力系数和惯性阻力系数。

  代入数值,得到黏性阻力系数 $R_\mathrm{v} = 1.87 \times 10^7$。由于磁流变液在孔内层流,惯性阻力系数 $R_\mathrm{i} = 0$。

（5）**边界条件**

  入口及出口都设置为压强边界,且壁面无滑移。

（6）**设置求解方式**

  由于磁流变液在泡沫金属中的流动速度较小,而且为不可压缩稳定层流,因此,FLUENT中采用默认的基于压力求解器 SIMPLE 的算法,当计算到 0.001 时收敛,同时,给定初速度为 1 m/s,求解并建立速度和压强的监控面。

（7）**结果后处理**

  ANSYS 流场分析的后处理软件 CFD-POST 与 FLUENT 无缝连接,提供了丰富的绘图格式,包括 x-y 曲线图,多种格式的 2D 图形、3D 剖面图和 3D 立体图。

  综上所述,相关参数设置如下:磁流变液密度为 2 650 kg/m³,采用 Bingham 模型；泡沫金属的孔隙率为 85%。采用不可压缩稳定层流模型、压力入口及压力出口边界条件,出口处作为参考点大气压强,并利用二阶迎风策略求解动量方程。入口处初始压强为 50 Pa,初始速度为 1 m/s。表面张力系数设为 60 mN/m。考虑重力作用,并设重力加速度沿 x 轴负方向,即 $g = -9.81$ m/s²。

3.3.2　速度和压强分布

（1）**磁流变液通过平板间的速度和压强**

  基于平板模型,磁流变液在平行平板中流动的压降由两部分组成:内摩擦产生的压降及外加磁场产生的压降:

$$\Delta p_1 = \Delta p_\eta + \Delta p_\tau(B) = \frac{12\eta A_\mathrm{p} l}{g_0^3 w_0} v_0 + \frac{2l}{\eta}\tau_y \tag{3.19}$$

式中 Δp_1——磁流变液在平板中流动的压降；

   Δp_η——由于粘度而产生的压降；

   $\Delta p_\tau(B)$——由于磁场产生的压降；

   A_p——流体通过的横截面积；

   l, g_0, w_0——分别为简化模型的特征尺寸；

   v_0——流体的初始速度；

   τ_y——与磁场相关的剪切屈服应力。

  根据不同的流动特性,磁流变液在平板间的速度分为 3 个部分:

$$u(y) = \begin{cases} \dfrac{\Delta p}{2\eta l}(y^2 - 2y_1 y), \dfrac{\mathrm{d}u}{\mathrm{d}y} \geqslant 0 & (屈服流动) \\[3mm] -\dfrac{\Delta p}{2\eta l}y_1^2, \dfrac{\mathrm{d}u}{\mathrm{d}y} = 0 & (刚性流动) \\[3mm] \dfrac{\Delta p}{2\eta l}\left[(y - y_2)^2 - (d_0 - y_2)\right], \dfrac{\mathrm{d}u}{\mathrm{d}y} \leqslant 0 & (屈服流动) \end{cases} \tag{3.20}$$

相关参数详见参考文献[12]。

（2）磁流变液通过多孔介质的速度和压强

根据多孔介质的管束模型，将泡沫金属等效为等半径的毛细管束，流体通过毛细管横截面的平均流速与剪切应力及剪切速率的关系为

$$\frac{u}{r} = \frac{1}{\tau_b^3} \int_0^{\tau_b} \tau \cdot \dot{r}(\tau) \mathrm{d}\tau \tag{3.21}$$

式中　u——流体的平均流速；

r——毛细管的半径；

$\dot{r}$——流体的剪切速率；

τ, τ_b——分别为半径为 r 处流体的剪切应力和毛细管壁面的应力。

对于磁流变液，采用 Bingham 本构模型：

$$\tau = \tau_y + \eta \dot{r} \tag{3.22}$$

得到剪切速率为

$$\dot{r} = \frac{1}{\eta}(\tau - \tau_y) \tag{3.23}$$

将式（3.23）代入式（3.21）并积分得到

$$\tau_b = \frac{4}{3}\tau_y + 4\eta \frac{u}{r} \tag{3.24}$$

式（3.24）即为磁流变液通过毛细管中的平均流速与毛细管壁面上的剪切应力 τ_b 之间的关系。而在实际工程应用中需要知道的是流体通过毛细管的压强，为此，需要建立压降与剪切应力 τ_b 之间的关系。

如前所述，磁流变液在毛细管中为稳定层流，则有：

$$\Delta p \cdot \pi r^2 = \tau_b \cdot 2\pi rl \tag{3.25}$$

将式（3.25）代入式（3.24），得到

$$\frac{\Delta p}{l} = \frac{8}{r}\left(\frac{1}{3}\tau_y + \frac{u}{r}\eta\right) \tag{3.26}$$

式（3.26）即建立了磁流变液在毛细管中压降与平均流速的关系，其中 R 与泡沫金属的孔隙率及渗透率相关。

3.4　模拟仿真结果

3.4.1　速度分布

磁流变液在整个流动区域内沿 x 轴方向的速度分布如图 3.6 所示，磁流变液沿 x 轴方向的速度随着磁场强度的增加变化并不明显，即磁场强度对流动方向的速度影响不大。但仔细观察仍然可发现，由于对磁流变液施加了垂直于流动方向的磁场，随着磁场强度的增加，磁流变液的速度越来越小，并且分层流动越来越明显，受到粘滞阻尼力及磁场力的共同作用，沿着壁面运动的流动速度变小。

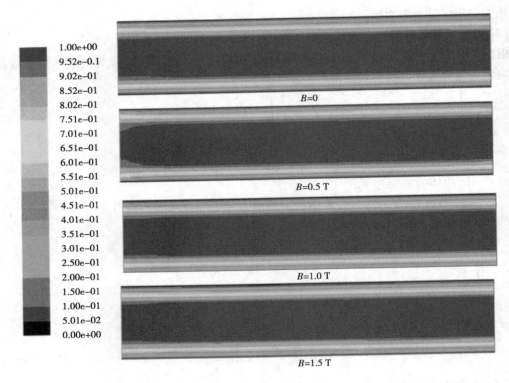

图 3.6　速度分布云图

3.4.2　动态压强分布

动态压强是流体运动引起的压强变化,动态压强的大小代表流体动能的大小,与流速相关,而与参考压力的大小无关。动态压强与速度之间呈正相关关系,速度越大,动态压强越大;反之,流体运动的速度越小,动态压强越小。因此,观察动态压强的分布有助于进一步理解流体的速度变化。

图 3.7 所示为磁流变液在整个流动区域内沿 x 轴方向的动态压强分布。由图可知,随着磁场强度的增加,动态压强呈减小趋势,这一结论与图 3.6 中速度随着磁场强度的增加而减小一致。对比施加磁场前后的动态压强云图,对磁流变液施加磁场后,动态压强的最小值由 102 Pa($B=0$)下降到 83.9 Pa($B=0.5$ T);当磁场强度由 0.5 T 增加到 1.0 T 时,最大动态压强值则由 1 330 Pa 下降到 1 320 Pa。

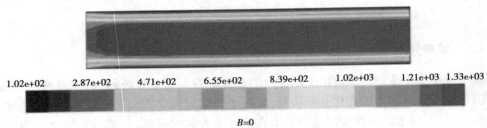

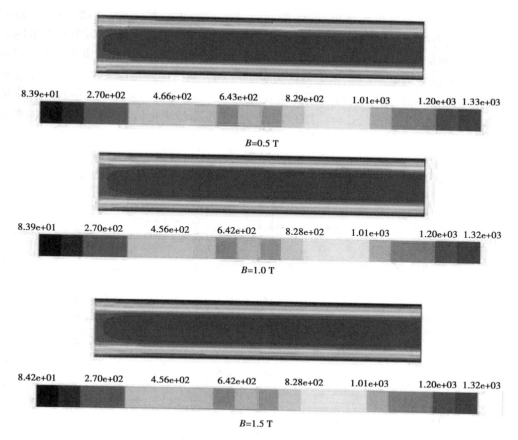

图 3.7　动态压强分布云图

3.5　结果分析与讨论

3.5.1　轴向速度和压强

　　不同磁场强度作用下,磁流变液在不同区域沿着轴向速度变化的曲线如图 3.8 所示。没有施加磁场时,在入口和出口区域,流动最终都趋于稳定状态;而进入泡沫金属区域后,由于泡沫金属内部复杂的网状结构,其金属骨架会阻碍磁流变液的流动,流速减小。同时,与未施加磁场相比,施加磁场后,磁流变液通过泡沫金属区域时,由于磁场力的作用,磁流变液的速度减小;在最开始通过泡沫金属区域进入出口时,由于惯性的作用,速度继续下降,但最终又变成稳定流动。

　　为了更清楚地看到磁流变液的流动状态,图 3.9 中给出了放大的磁流变液在泡沫金属区域流动的速度分布,磁场强度越大,流动速度越小。但由于磁场强度的变化而改变的速度值并不明显。也就是说,即使对磁流变液施加垂直于流动方向的磁场,磁流变液也完全能够通过泡沫金属区域。这一结论为后续研究基于泡沫金属的磁流变液阻尼器奠定了理论基础。

　　流体的静态压强就是表压测得的压强,是流体中分子的不规则运动产生的压力能与重力势能之和,静态压强的大小与参考压强相关。FLUENT 中流体的总压强为动态压强与静态压

47

强之和。施加不同常量的磁场强度,磁流变液通过泡沫金属沿着流动方向的静态压强如图3.10所示。与没有施加磁场($B=0$)相比,施加磁场后,磁流变液在泡沫金属中沿着轴向静态压强增大,直至增加到一个临界最大值后开始变小,该最大值的大小取决于所施加的磁场强度的大小。当磁场强度为1.5 T时,最大值约为66 668 Pa。从图中还可以看出,无论是小于该临界值还是大于该临界值的静态压强几乎都呈线性变换。另外,由于FLUENT中计算出来的压力值均为相对压力值,因此,在$B=0$时的初始段,静态压强值为负值,说明这一阶段的静态压强值小于所设定的参考点处的大气压强。

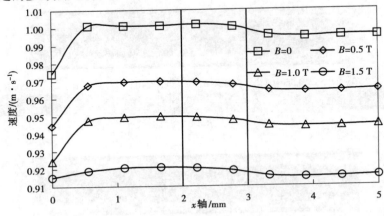

图3.8 轴向速度分布

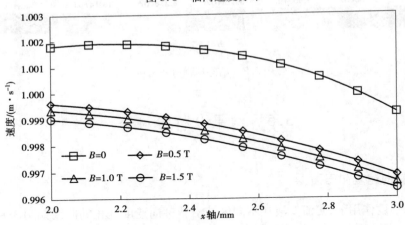

图3.9 泡沫金属内部的速度分布

有趣的是,对比图3.9中的速度变化曲线,可以发现,在外加磁场作用下,静态压强的变化趋势与速度变化的趋势刚好相反。在速度大的区域,静态压强小;而速度越小的区域,静态压强越大。根据伯努利方程:

$$\rho gh + P + \frac{1}{2}\rho v^2 = const \tag{3.27}$$

式中　ρ——流体的密度;

g——重力加速度;

h——垂直高度;

P——流体的压强。

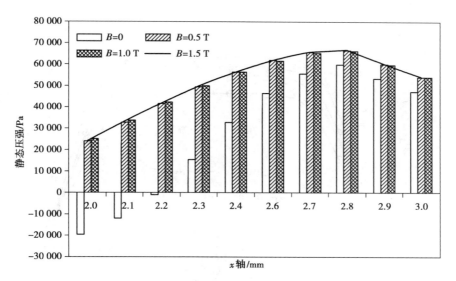

图 3.10　泡沫金属内部的静态压强分布

式(3.27)的第一项为重力势能,第二项为流体的压力能,第三项为流体的动能,*const* 为流体的总能量。

3.5.2　径向速度和压强

(1)径向速度分布

图 3.11 所示为磁流变液沿着径向的速度分布。图中表明,对于稳定层流,无论是在入口、出口,还是在泡沫金属中流动,磁流变液沿着径向的速度都关于中心轴对称。由于粘滞阻尼力的作用,即使没有磁场,沿壁面处的速度值也明显小于中心稳定流动区域。比较磁流变液在不同区域的最大速度,当磁场强度为 0.5 T 时,入口处的最大速度为 0.955 m/s,泡沫金属区域的最大速度为 0.948 m/s,而出口处的最大速度为 0.954 m/s。进一步比较磁流变液在泡沫金属区间的流动,如图 3.11(b)所示,磁场强度为 0 时,最大速度达到 1 m/s;随着磁场强度的增加,速度最大值减小。当磁场强度分别为 0.5,1.0 和 1.5 T 时,最大速度分别为 0.96,0.90 和 0.79 m/s。

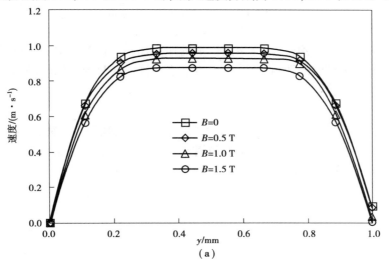

（a）

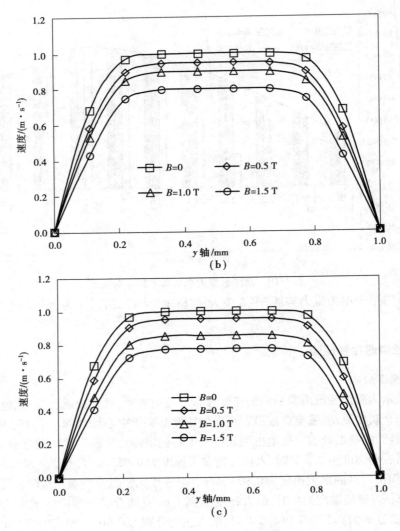

图 3.11 沿 y 轴方向的速度分布

(a)入口;(b)泡沫金属;(c)出口

同时,从图中还可以看到,在泡沫金属区域的速度比在入口和出口的靠近壁面处的速度增加较慢,说明由于泡沫金属的孔隙结构,磁流变液在泡沫金属材料中的粘滞作用力比在入口和出口处的粘滞作用力大。

(2)径向压强分布

图 3.12 所示为不同电流下磁流变液沿着径向的静态压强分布。磁流变液沿着径向的静态压强呈中心对称分布。静态压强的绝对值沿半径方向增大,中心轴处静态压强最大。总体来说,磁场强度越大,静态压强越大。

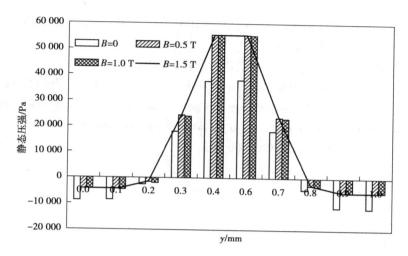

图 3.12　泡沫金属区域沿 y 轴方向的静态压强分布

3.6　本章小结

本章研究了磁流变液在泡沫金属中的流动状态,首先对磁流变液在泡沫金属中流动进行了受力分析,推导了磁流变液流过多孔介质的速度和压强分布,随后利用有限元的方法对流动状态进行了模拟仿真,得到速度及压强分布。结果表明,即使对多孔泡沫区的磁流变液施加垂直方向的磁场,磁流变液仍然能够从泡沫金属中流出。这一结果为研究基于多孔泡沫金属的磁流变液阻尼器提供了理论基础。

参考文献

[1] 王福军. 计算流体动力学分析：CFD 软件原理与应用[M]. 北京：清华大学出版社, 2004.

[2] Gibson L J, Ashby M F. Cellular Solids：Structure and Properties[M]. Cambridge：Cambridge University Press 1997.

[3] Sochi T. Single-phase flow of non-Newtonian fluids in porous media. Technicalreport[M]. London：Department of Physics and Astronomy, University College, 2009.

[4] Anderson J D. Computational fluid dynamics[M]. New York：McGraw-Hill, 1995.

[5] 郭硕鸿. 电动力学[M]. 北京：高等教育出版社, 2008.

[6] 李德才. 磁性液体理论及应用[M]. 北京：科学出版社, 2003.

[7] 韩占忠,王敬,兰小平. FLUENT：流体工程仿真计算实例与应用[M]. 北京：北京理工大学出版社, 2004.

[8] Kelly E, Grimes R. Experimental and numerical investigation of the velocity profiles through a porous medium downstream of a sharp bend[C]//POROUS MEDIA AND ITS APPLICATIONS

IN SCIENCE, ENGINEERING, AND INDUSTRY: Fourth International Conference. AIP Publishing, 2012, 1453(1): 315-320.

[9] 翟云芳. 渗流力学[M]. 北京:石油工业出版社, 1999.

[10] Darcy H. Les fontaines publiques de la ville de Dijon, 1856[J]. Dalmont, Paris, 70.

[11] Chooi W W, Oyadiji S O. The relative transient response of MR fluids subjected to magnetic fields under constant shear conditions[C]//Smart Structures and Materials. International Society for Optics and Photonics, 2005: 456-465.

第 **4** 章
剪切模式下磁流变液法向力研究

目前,关于磁流变液特性的研究主要集中在与外加磁场方向垂直的剪切屈服应力上,但在设计磁流变器件时,沿着磁场方向的法向力也是一个重要的影响因素。根据利用多孔材料储存磁流变液的思想,在外加磁场作用下,储存在多孔泡沫金属中的磁流变液将被抽至剪切间隙,并产生磁流变效应。除毛细管力外,磁场力是使磁流变液上升的主要动力,而磁致阻尼力的大小一定程度上取决于沿着磁场方向所抽出磁流变液的体积。被抽至剪切间隙中的磁流变液越多,磁流变效应越强。因此,法向力是影响被抽出磁流变液体积的重要因素。

为此,本章分别从理论和实验两方面对磁流变液法向力的产生机理进行深入研究。首先利用连续介质理论及磁场能量法建立了法向力的理论模型;随后,实验研究了固定间距时,静态法向力及不同剪切模式下磁流变液法向力的影响因素。在此基础上,研究了外加磁场作用下,储存在泡沫金属中的磁流变液的静态法向力和振荡法向力,为下一步研究基于多孔泡沫金属磁流变液阻尼器提供理论依据。

4.1 磁流变液的法向力研究

根据磁流变液器件设计的需要,目前对磁流变液特性的研究主要集中在流动模式和剪切模式,特别是对剪切模式下磁流变液特性的研究更为透彻。前期研究大多数致力于垂直于磁场的剪切屈服应力,对平行于磁场方向的法向力研究较少,而研究法向力对配置性能更为优良的磁流变液、优化磁流变器件、研究磁流变液抛光技术及拓宽磁流变液技术的应用等都有着重要的学术意义和工程应用价值。为此,近年来,磁流变液法向力的流变特性受到越来越多研究者的青睐。

理论方面,Shulman 首次计算得到稳态剪切模式下磁流变液的法向力差,随后,Shkel 和 Klingenberg 通过各向异性作用下的连续介质模型,计算得到磁流变液静态法向力与磁场强度的关系为 $\sigma_{33} = H_0^2$。此后,众多学者对法向力的实验研究做出了巨大贡献,并取得了可喜的研究成果。

De Vicente 首次利用平板型流变仪实验研究了磁流变液沿着磁场方向的法向力,发现法向力的产生必须同时满足两个条件:①磁流变液处于剪切状态;②外加磁场强度达到某一临界值。然而,See 和 Tanner 实验研究却发现:在外加磁场作用下,即使剪切率为零,磁流变液仍然能够产生排斥两极板的法向力,而且法向力与磁感应强度的关系满足 $F_n = kB^{2.6}$,并且,当施加恒定剪切速率时,磁流变液的法向力随着剪切应变的增加反而减少,最终达到某一稳定值。法向力研究结果的不一致性促使越来越多的学者对此进行探索。德国科学家 Laun 分别利用锥形和平板两种附件更为系统地研究了磁流变液的法向力,发现第一法向力差远大于其第二法向力差,静态法向力小于稳态法向力,并且法向力与磁感应强度之间服从幂指数关系 $F_n \propto B^{2.4}$。显然,与前述实验结果对比,磁流变液的法向力与磁场的关系,以及磁流变液的法向力产生的条件、机理等还没有一致性的结论。最近,越来越多的学者通过实验结果进一步从微观层面对法向力的产生机理进行阐述。西班牙学者 Lopez-Lopez 得到剪切率将稳态法向力分为3 个区域:① 沿着磁场方向充满整个间隙;② 磁流变液剪切倾斜某一角度但仍填满间隙;③ 磁流变液散布于两极。

由于磁流变液法向力的产生机理非常复杂,除了受到磁流变液材料、磁场强度、剪切率、温度及振幅和频率的影响外,还与其他因素有关。清华大学田煜教授通过研究磁流变液的剪切稠化现象,得出稳态剪切法向力与磁感应强度的平方成正比,但与剪切率成反比。Liu 通过研究平行于磁场方向的法向力,发现当外加磁场强度超过 13 mT 时候,磁流变液的表面将不再保持水平,而是沿着磁场方向上升、伸长成椭圆状。在此基础上,香港城市大学 Patrick 团队利用自行设计的装置,得到法向力与磁感应强度近似为平方关系。中国科技大学龚兴龙团队采用恒定磁场和扫描磁场两种方法对磁流变液法向力分别从理论、实验和模拟仿真等方面做了更为系统的研究,不仅研究了静态法向力、稳态及振荡剪切状态 3 种情况下的法向力,还对挤压状态下的法向力进行了详细研究和讨论。表 4.1 是对前述关于法向力研究的磁流变液进行的归纳。

表 4.1　不同参考文献中的磁流变液配置

来源	磁性颗粒		基液				颗粒体积分数/%
	大小/μm	公司	种类	粘度	密度/(g·cm⁻³)	公司	
De Vicent	2	BASF	硅油	1.997 mPa·s	0.95	Rhone Poulenc	50
See and Tanner	4~6	Fuchs	石蜡油	6.5×10^{-6} m²/s	N/A	N/A	30
Laun	N/A	N/A	烃油	N/A	N/A	N/A	50
Lopez-Lopez	0.93 ± 0.33	BASF	煤油	2.1 mPa·s	0.79	Sigma	N/A
Tian	3	Jiangsu Tianyi Ultra	硅油	50 mPa·s	N/A	Beijing Chemical Industry	25
Chan	0.88 ± 4.03	Lord	烃油	287 ± 70 mPa (40℃)	3.54~3.74	Lord	29
Guo	6	BASF	硅油	20 mPa·s	N/A	Sinopharm Chemical Reagent	10,20,30,40

综上所述,磁流变液的法向力不仅取决于磁流变液特性,还与实验装置、测试方法和测试环境等密切相关。而对于磁流变液法向力的研究,目前还处于初始研究阶段,得到的结果也不尽一致,甚至有些相互矛盾的结论。同时,研究磁流变液法向力也是利用多孔材料存储和释放磁流变液的重要理论基础,对进一步拓展、优化磁流变液的应用具有极其重要的理论指导意义。

4.2　法向力的产生机理

到目前为止,关于磁流变液法向力的产生机理和理论模型还没有统一的结论。Chan 认为,没有剪切作用时,施加磁场后,由于颗粒挤压及成链作用而产生了静态法向力;而当对磁流变液施加稳态剪切后,使磁性颗粒链转动的力矩导致了法向力的产生。在研究法向力与磁场关系方面也存在不一致的结论,Vicente 得到法向力与外加磁场强度为二次方的关系,而 Tian 认为法向力与外加磁场强度的幂指数关系并不完全是二次方。为此,本节首先从能量的角度研究磁流变液的法向力。

磁流变液的静态法向力是指对样品只施加磁场强度而没有任何剪切作用下沿磁场方向的作用力。此时,磁流变液的磁能量密度可表示为

$$w_{\text{mag}} = \frac{1}{2}BH = \frac{B^2}{2\mu} \tag{4.1}$$

式中　w_{mag}——磁能量密度;

　　　B——磁感应强度;

　　　μ——磁流变液的磁导率。

如图 4.1 (a) 所示,若磁流变液线性磁化,外加磁场作用下磁性颗粒聚集区域为椭圆状,椭圆内部磁场均匀分布,则单个椭圆内部的磁场能量为

$$W = -\frac{1}{2}\mu_0 \boldsymbol{M}_z \boldsymbol{H}_0 V_0 \tag{4.2}$$

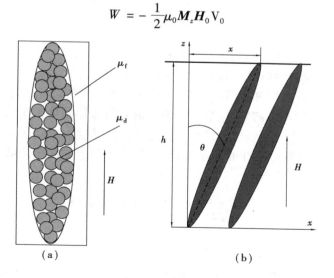

图 4.1　简化模型

式中 μ_0——真空磁导率；

M_z——沿磁场方向的磁化强度；

H_0——磁场强度；

V_0——椭圆体积。

$$M_z = (\mu_d - \mu_f)\left(\frac{\cos^2\theta}{1 + \zeta n_{/\!/}} + \frac{\sin^2\theta}{1 + \zeta n_{\perp}}\right)H_0 \tag{4.3}$$

$$\zeta = \frac{\mu_d}{\mu_f}, \begin{cases} n_{/\!/} = \dfrac{1 - e^2}{2e^3}\left(\ln\dfrac{1 + e}{1 - e} - 2e\right) \\ n_{\perp} = \dfrac{1 - n_{/\!/}}{2} \end{cases} \tag{4.4}$$

式中 μ_d——含有磁性颗粒的椭圆的相对磁导率；

μ_f——椭圆外部悬浮液的相对磁导率。

假设磁流变液中所有磁性颗粒都被磁化聚集在椭圆内,椭圆内磁性颗粒的浓度与磁流变液中磁性颗粒浓度相等,而在椭圆与基液的接触面处磁性颗粒浓度为 0。于是,$\mu_f = 1$,$e = \sqrt{1 - \varepsilon^2}$,$\varepsilon = \dfrac{D}{L} < 1$,$L = \dfrac{h}{\cos\theta}$,$n_{/\!/}$ 和 $n_{\perp}$ 分别为沿着磁场方向和垂直于磁场方向的去磁因子,D 为主轴长度,L 为椭圆的长度。

从而得到法向力:

$$F_n = -\frac{\partial W}{\partial h}\Big|_x = \mu_0 \frac{V_0}{h}H_0^2\mu_f\zeta^2 \frac{n_{\perp} - n_{/\!/}}{(1 + \zeta n_{/\!/})(1 + \zeta n_{\perp})} \frac{\gamma^2}{(1 + \gamma^2)^2} \tag{4.5}$$

式中 N——总磁性颗粒数量；

S——平板表面积。

则平均法向力为

$$\overline{F}_n = \frac{NF_n}{S} = \mu_0\mu_f\phi H_0^2\zeta^2 \frac{n_{\perp} - n_{/\!/}}{(1 + \zeta n_{/\!/})(1 + \zeta n_{\perp})} \frac{\gamma^2}{(1 + \gamma^2)^2} \tag{4.6}$$

$$\phi \approx \frac{\varphi}{\varphi_d} \tag{4.7}$$

式中 φ——磁流变液中磁性颗粒的体积分数；

φ_d——椭圆内部磁性颗粒的体积分数,$\varphi_d \approx 0.65 \sim 0.7$。

由于法向力的产生存在一临界磁场强度,当磁场强度小于该临界值时,磁流变液中可能仍然存在离散颗粒或者长短不一的短链(成链的方向沿着所施加磁场方向),而不是完全贯穿于上下两平板间的通链,只有磁场强度超过该临界值后,磁性颗粒才完全成链状结构产生排斥极板的作用力。为此,采用数理统计的分布理论,假设平板间形成的椭圆数目服从标准正态分布,即

$$f(n) = \frac{1}{\sqrt{2\pi}\sigma}e^{\frac{-(n-K)^2}{2\sigma^2}}, \{1 \leqslant n \leqslant 2K\} \tag{4.8}$$

式中 K——分布中心；

σ——分布相对于中心的集中程度。

假设 V 为平行板间填充的磁流变液总体积,a 为磁性颗粒半径,φ 为颗粒体积分数,则磁性颗粒总数为

$$N = \frac{3\varphi V}{4\pi a^3} \qquad (4.9)$$

若 n_n 是颗粒数量为 n 的椭圆个数,则磁性颗粒的总数又可表示为

$$N = \sum_{n=1}^{2K} n n_n \qquad (4.10)$$

又假设链中颗粒数服从正态分布,则 n_n 可表示为

$$n_n = M \frac{1}{\sqrt{2\pi}\sigma} e^{-\frac{(n-K)^2}{2\sigma^2}} \qquad (4.11)$$

综合式(4.9)至式(4.11),n_n 可表示为

$$n_n = \frac{3\varphi V e^{-\frac{(n-K)^2}{2\sigma^2}}}{4\pi a^3 \sum\limits_{n=1}^{2K} \left(n e^{-\frac{(n-K)^2}{2\sigma^2}} \right)} \qquad (4.12)$$

则平均法向力为

$$\overline{F}_n = \mu_0 \mu_f \varphi H_0^2 \zeta^2 \frac{3\varphi V e^{-\frac{(n-K)^2}{2\sigma^2}}}{4\pi a^3 \sum\limits_{n=1}^{2K} \left(n e^{-\frac{(n-K)^2}{2\sigma^2}} \right)} \frac{n_\perp - n_{/\!/}}{(1 + \zeta n_{/\!/})(1 + \zeta n_\perp)} \frac{\gamma^2}{(1 + \gamma^2)^2} \qquad (4.13)$$

没有剪切作用时,椭圆主轴为 D_0,形状因子 $c_0 = \dfrac{D_0}{h}$;剪切后,椭圆产生变形,但其体积不变,即

$$D^2 L = D_0^2 h$$

$$L = \frac{h}{\cos\theta}$$

有

$$D = D_0 \sqrt{\cos\theta}$$

且椭圆形状因子变为

$$c = c_0 \cos^{\frac{3}{2}}\theta$$

如图4.1(b)所示。

对建立的模型进行 Matlab 数值模拟,相关参数见参考文献。在图4.2中,磁场强度越大,颗粒体积分数越大,法向力越大,这与郭朝阳及 Lopez-Lopez 得到的结论一致。但由于理论分析中忽略了磁性颗粒链之间的相互作用力,得到的法向力值可能与实验结果有所偏差。图4.3 给出了不同磁感应强度下剪切法向力随剪切应变的变化趋势。与 Chan 的研究类似,随着剪切应变的增大,法向力先增加到一最大值后又减小,并最终趋于一稳定值。当剪切应变小于该临界应变值时,磁性颗粒链的恢复力矩使法向力变大,同时,基液中分散的颗粒被挤压进已形成的链中,进一步增大了法向力;而当剪切应变超过该临界值后,剪切间距中的磁性颗粒链被破坏,变成不连通的短链,法向力逐渐减小,直至最后颗粒链重新组合达到新的平衡状态。因此,利用能量法建立的磁流变液法向力模型可以用来模拟法向力随磁场强度变化的趋势,同时还能更深刻地理解磁流变液法向力的产生机理,也为后续实验研究提供了理论指导。

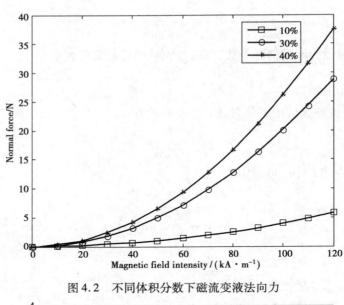

图 4.2　不同体积分数下磁流变液法向力

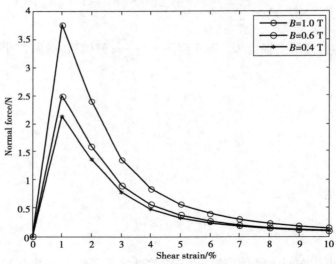

图 4.3　不同磁场强度下磁流变液法向力与应变的关系

4.3　实验条件

4.3.1　实验测试系统

实验测试仪器采用奥地利安东帕公司生产的 MCR 301 平行板智能型高级流变仪,该流变仪采用完全模块化、智能化的设计,完美结合了扩散式空气轴承和无刷直流同步马达,在同一台流变仪上不仅可以实现应力控制,还能进行应变控制。采用空气轴承内置电容探针的专利技术,能够检测到由于法向力作用使轴承产生的自然移动,而且由于使用了空气轴承,测试过程中传动产生的摩擦力很小,甚至趋近于零。马达转子由高性能永磁体制成的圆盘,可以提供一个恒定的磁场强度,并且磁场强度产生速度快、无延迟响应;马达转子与定子以相同的速度运动,从而实现转子与定子同步运动。同时,该流变仪还能对平板间的间隙进行真实的监测和控制。可测试的法向力范围为 ±0.01 ~ ±50 N,分辨率为 0.002 N,精度为 0.03 N。流变仪测试系统如图 4.4 所示。图 4.5 所示为法向力测试装置示意图。

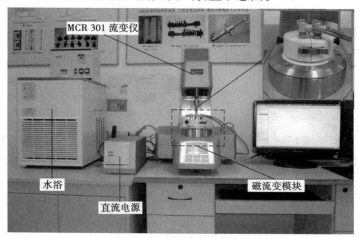

图 4.4　流变仪测试系统

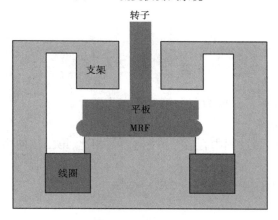

图 4.5　法向力测试装置示意图

测试系统主要由流变仪主机、水浴、压力系统、计算机控制系统及磁流变模块组成。其中磁流变模块可以保证样品池中产生相对均匀的磁场。通过水浴温控系统和电流控制的内置线圈产生均匀磁场,经一导磁盖将磁场均匀垂直施加到样品上,通过这一方法可以对样品施加高达 1.2 T 的磁场。水浴可以方便地对内置电磁场及样品进行测试温度的控制。测试过程中,通过计算机控制系统设置不同参数并将其传送至马达,马达驱动平板转动,最终将样品的应变或应力值传递给计算机,从而实现不同参数情况下的样品测试。

4.3.2　实验原理

MCR 301 平行板流变仪由上下两个半径为 r 的同心圆盘构成,圆盘间距为 h。测试过程中,磁流变液样品放在上下两圆盘之间的间隙中,圆盘直径为 20 mm,下圆盘固定不动,上圆盘经马达驱动匀速转动,边缘表示与空气接触的自由边界,在自由边界上的界面压力和应力对法

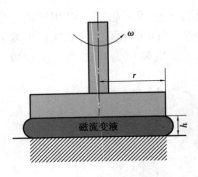

图 4.6 磁流变液法向力测试原理

向力测量的影响一般可以忽略。法向力的测试原理如图 4.6 所示。

由于间距很小，$h \ll r$，低速旋转时，忽略惯性，稳态剪切下剪切速率与角速度的关系可表示为

$$\dot{\gamma} = \frac{r\omega}{h} \tag{4.14}$$

式中 $\dot{\gamma}$——剪切率；

h——剪切间隙；

r——圆盘半径；

ω——角速度。

由图 4.6 可以看到，采用这种方法测试时，平板间的磁流变液流动不均匀，剪切速率随着半径方向呈线性变化，在最边缘处的剪切速率最大，因此，实验中取该最大值作为测试过程中的剪切速率。

对于非牛顿流体，由转子的扭矩 T 可以得到应力和应变：

$$\tau = \frac{T}{2\pi r^3}\left(3 + \frac{\mathrm{d}\ln T}{\mathrm{d}\ln \dot{\gamma}}\right) \tag{4.15}$$

式中 τ——剪切应力。

从而得到：

$$N_1 - N_2 = \frac{F}{\pi r^2}\left(2 + \frac{\mathrm{d}\ln F}{\mathrm{d}\ln \dot{\gamma}}\right) \tag{4.16}$$

式中 N_1, N_2——分别为第一法向力差和第二法向力差；

F——测得的法向力。

在测试磁流变液法向力过程中，与第一法向力差相比，第二法向力差很小，可以忽略不计，因此，可以得到

$$2F = \pi r^2 N_1$$

4.3.3 实验材料

实验材料为重庆材料研究院提供的 MRF-J01T 磁流变液，粘度为 0.8 Pa·s，磁场强度为 0.5 T时，剪切屈服应力可达 60 kPa。图 4.7 所示为该磁流变液的磁特性和屈服应力曲线。

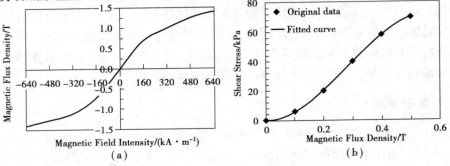

(a)　　　　　　　　　　(b)

图 4.7 磁流变液的磁特性曲线

4.3.4　实验方法

测试了以下两种情况下的法向力:①只对样品施加磁场,而没有任何剪切速率的静态法向力。观察此时法向力与测试时间、磁场强度和温度的关系;②对样品施加不同恒定的磁场强度或剪切速率,研究不同磁场强度和剪切速率及温度对法向力的影响。郭朝阳通过研究磁流变液的开关特性,发现在恒定磁场或剪切速率下,法向力值为一稳定值。因此,实验中通过施加扫描磁场和扫描剪切速率来研究法向力。为了保证磁流变液中的磁性颗粒均匀分散,每次实验前先让样品在不施加任何磁场情况下,以一恒定剪切速率充分剪切。

4.4　剪切模式下磁流变液的法向力

4.4.1　静态法向力

(1)静态法向力与测试时间的关系

图 4.8 所示为不同磁场强度下,静态法向力随测试时间变化的曲线。在恒定磁场强度下,静态法向力随着时间的变化较小,略有抖动。磁场较强时,静态法向力随时间变化稍有增大的趋势,而当磁场较弱时,法向力则随着时间略有减小。该研究结果与郭朝阳的结论一致。造成这一现象的主要原因在于施加磁场后,磁流变液中磁性颗粒链的不断重组和断裂。

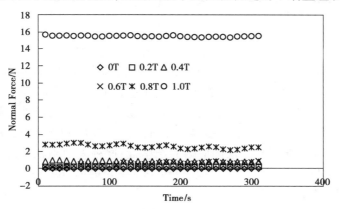

图 4.8　静态法向力随测试时间变化曲线

(2)静态法向力与磁场强度的关系

图 4.9 所示为不施加任何剪切的情况下,静态法向力与磁场强度的关系。图中表明,零磁场作用时,法向力表现为吸引上极板的负值,但该值与测试的法向力相比,可以忽略。

同时,由图还可以看到,对磁流变液施加的磁场强度增加到一定值后,即使剪切速率为零,仍然存在正值法向力,表现为向上推斥上板,而且法向力随着时间的延长呈指数形式迅速增加。这主要与磁性颗粒成链有关。施加磁场后,原来分散于基液中的磁性颗粒在磁场作用下被迅速磁化,沿着磁场方向排列成链状,挤压平行板,从而产生法向力,时间越长,形成的磁性颗粒链越来越多,进一步聚集成柱状甚至更为复杂的块状结构,法向力越来越大。

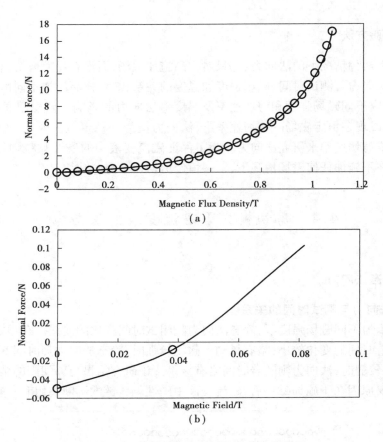

（a）

（b）

图4.9　静态法向力随磁场变化的曲线

如图4.10所示,磁场作用下,磁流变液表面形貌的演变过程可反映法向力的变化过程。没有施加任何磁场时,磁流变液呈牛顿流体,表面水平,如图4.10(a)所示;施加磁场后,磁流变液表面开始不稳定,出现一定数量的凸起,随着磁场强度的增加,沿着磁场方向的有序磁性颗粒链越多,产生的凸起数量也越来越多,越来越长,如图4.10(b)、(c)、(d)所示。正是磁流变液这种表面形状的不稳定导致了法向应力的产生,而这种表面不稳定的形成也正是磁流变液微观结构演变的结果。

（3）间距与磁场强度的关系

同时,观察磁场强度对间距的影响发现,尽管平板间初始间距设置成1 mm,但随着磁场强度的增加,间距也变大。与郭朝阳研究结果不同的是,间距并不随着磁场强度的增加连续增大,而是呈阶梯形增大,如图4.11所示。磁场强度较小时(0～0.3 T),间距几乎没有任何变化,仍然保持在1 mm;而磁场强度超过0.3 T后,间距开始变大,直至增加到一临界值后,随着磁场强度的进一步增加,间距也随之增大直至达到一稳定值,如此循环。平板间距的这种阶梯形增大也预示了磁性颗粒聚集成链或者挤压压进颗粒链成柱状结构的速度,在一定程度上说明了磁流变液的动态响应时间与磁场强度的关系。磁场越大,颗粒间相互作用力越大,磁性颗粒形成链的速度越快,磁流变液的动态响应时间越快,平板间距增加也越快。由图可知,随着磁场强度的增加,平板间距由初始的1 mm增加到1.012 mm。平板间距的这种变化也说明了磁场强度对法向力的影响,可以通过平板间距的变化得到法向力。同时,由法向力导致的平板

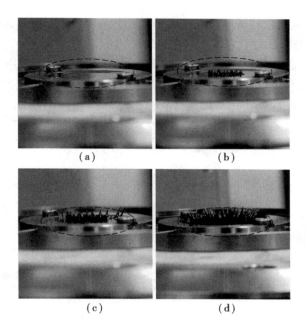

图4.10　磁流变液表面随磁场变化的形状

间距增加的过程也进一步表明磁流变液的磁致伸缩现象。为了准确得到法向力,实验前对每次零磁场作用的法向力清零。一般来说,实验过程中可以忽略间距变化对法向力测试结果的影响。

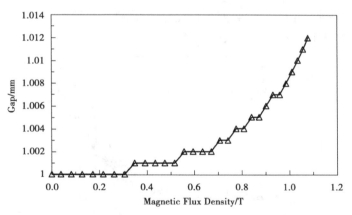

图4.11　平板间间距与磁场的关系

从微观结构来看,施加磁场后,形成的链状或柱状甚至更为复杂的网状结构在一定磁场区间内稳定不变,随着磁场强度的增加,越来越多的磁性颗粒聚集成新链,直至再次达到稳定状态,表现为推开平板的排斥力,平板间距增大,如此反复。其微观变化过程由图4.12描述。磁场较小时,磁性颗粒随机分散在基液中,随着磁场强度的增加,磁性颗粒迅速移动成链状,并聚集更复杂的有序结构,磁流变液发生相变。研究发现,在这一过程中,存在使磁流变液相变产生变化的临界磁场。

当$B=0$时,磁性颗粒随机分布在磁流变液中,磁流变液表现为牛顿流体,呈流体状态,如图4.12(a)所示;

63

当 $B=B_1>0$ 时,磁性颗粒开始移动形成链状结构并产生法向力,此时磁流变液中仍然存在可以自由移动随机分布的磁性颗粒,如图 4.12(b)所示;

当 $B=B_2>B_1$ 时,磁性颗粒完全成链,由于链与链之间的相互作用,开始形成柱状结构,链与柱共存,如图 4.12(c)所示;

当 $B=B_3>B_2$ 时,磁性颗粒完全形成柱状结构,如图 4.12(d)所示。

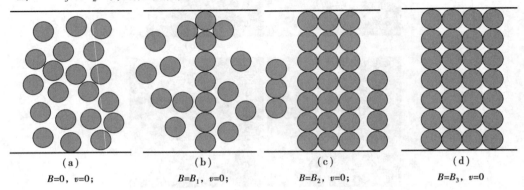

(a)　　　　　　　(b)　　　　　　　(c)　　　　　　　(d)

$B=0$, $v=0$;　　　$B=B_1$, $v=0$;　　　$B=B_2$, $v=0$;　　　$B=B_3$, $v=0$

图 4.12　法向力的微观结构演化

(4)静态法向力与温度的关系

利用水浴控制系统,分别研究了磁流变液在 25 ℃,40 ℃,60 ℃ 3 个不同温度下法向力随磁场强度变化的情况,如图 4.13 所示。磁场强度较小时(0.2 T,0.4 T,0.6 T),温度变化对法向力的影响较小;但磁场强度较大时,法向力的值随着温度的升高而增大。郭朝阳认为造成这一现象的主要原因在于:温度越高,载液的粘度越低,磁性颗粒更容易移动,在两极板间更容易形成通链,从而使推开上平板的静态法向力增加。

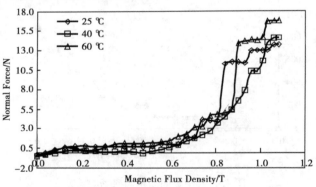

图 4.13　静态法向力随温度变化的曲线

4.4.2　稳态法向力

(1)稳态法向力与测试时间的关系

图 4.14 所示为剪切速率为 1/s 时不同磁场强度下稳态法向力随着测试时间变化的曲线。总体来说,给定一恒定磁场强度,法向力随时间变化较小,但存在一微小周期振荡,郭朝阳认为这种周期性振荡来源于流变仪上平板转子的转动。

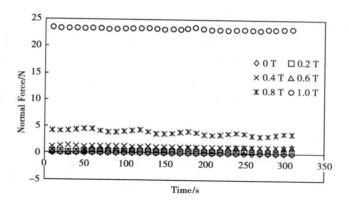

图 4.14　稳态法向力随测试时间的变化曲线

（2）稳态剪切法向力与磁场强度的关系

　　剪切作用下，磁场强度对法向力的影响如图 4.15 所示。与静态法向力类似，稳态法向力随着磁场强度的变大也呈指数增加，磁场较小时，法向力表现为吸引平板的负值，直到磁场超过临界值后（0.03 T），由于有序结构的形成法向力才变成排斥平板的正值。

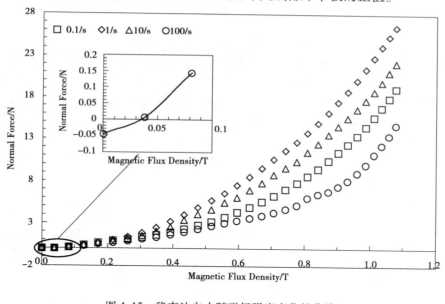

图 4.15　稳态法向力随磁场强度变化的曲线

　　通过数据拟合，得到法向力与磁场强度的关系满足如下指数关系：

$$F_n = kB^\alpha$$

　　如表 4.2 所示，其中，k 和 α 为常量。由表 4.2 可知，α 的数值与剪切速率相关。因此，有必要进一步研究法向力与剪切速率的关系。

表 4.2　剪切速率与拟合数值的关系

剪切速率（1/s）	0.1	1	10	100
α	2.7	2.5	2.5	3.2

（3）稳态剪切法向力与剪切速率的关系

不同磁场作用下，稳态法向力与剪切速率的关系如图 4.16 所示。实验中剪切速率从 0.001 /s 到 100 /s 呈指数变化。与 Lopez-Lopez 得到的结果类似，随着剪切速率的变化，法向力被分为 3 个区域：①剪切速率较小的稳定法向力；②法向力随着剪切速率减小的区间；③法向力随着剪切速率增大的区间。法向力在这 3 个区间的变化可由磁性颗粒微观结构演变进行解释。

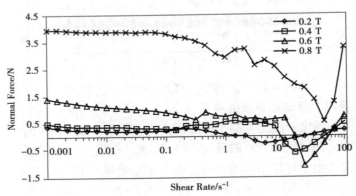

图 4.16　稳态法向力随剪切速率变化的曲线

如图 4.17 所示，在剪切速率较小的区域，施加磁场后，磁性颗粒被磁化成沿磁场方向排列的稳定链状结构，表现为对上极板的排斥力；而施加一定剪切力后，这些颗粒链随着剪切方向呈一定角度倾斜，其中部分颗粒链组合成不连通的短链，甚至一些颗粒离散于基液中，相较于静态法向力，此时的法向力有减小趋势；而当剪切速率达到一定程度后，一些分散的可移动的颗粒链及被破坏的短链又重新组合成新的连通长链，还有部分颗粒链挤压进已经形成的长链中，进一步增大了法向力。正是这种颗粒链的不断破坏与重组使法向力产生变化。

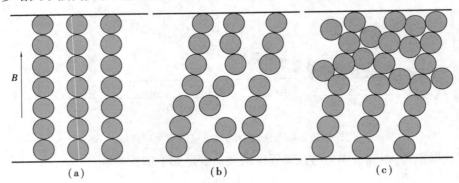

图 4.17　稳态法向力的微观结构演化

(a)$B \neq 0, v = v_1$；(b)$B \neq 0, v = v_2 > v_1$；(c)$B \neq 0, v = v_3 > v_2$

（4）平均稳态法向力与剪切应力的关系

图 4.18 所示为剪切速率为 0.1 /s 时扫描磁场得到的平均法向力与剪切应力的变化曲线。平均法向力定义为由流变仪测得的法向力与测试极板表面积的比值：

$$\overline{\sigma_n} = F_n / A$$

式中 $\overline{\sigma_n}$——平均法向力；

　　　F_n——实验测得的法向力；

　　　A——平板的面积。

由图可以得到,平均法向力和剪切应力都随着磁场强度的增加而增大,且平均法向力比剪切应力大得多,平均法向力随着剪切应力的增加近似呈直线关系。这也预示着法向力的可调范围更大,比剪切应力有着更为广阔的应用空间。

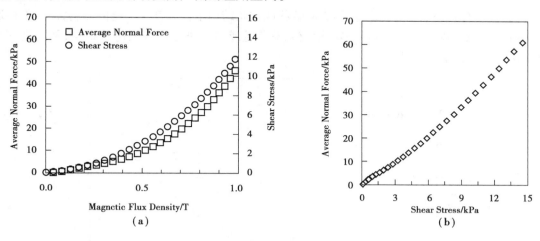

（a）

（b）

图 4.18   平均稳态法向力与剪切应力的对比

（a）平均稳态法向力及剪切应力随磁场变化曲线；（b）平均稳态法向力与剪切应力的关系曲线

（5）稳态剪切法向力与温度的关系

图 4.19 所示为剪切速率为 1/s 时,3 种不同温度下（25 ℃,40 ℃,60 ℃）稳态法向力随着磁场强度的变化曲线。与静态法向力类似,剪切状态下的法向力随着温度升高而逐渐增大,而且磁场越大,温度越高,更多分散的磁性颗粒形成更多稳定的通链甚至柱状结构,从而排斥平板的法向力越大。同时,由图可知,在磁场强度较小的区间,法向力的变化较小,而当磁场强度超过 0.6 T 后,法向力变化较快。并且,剪切作用对链的破坏与重组,导致法向力存在微小波动。

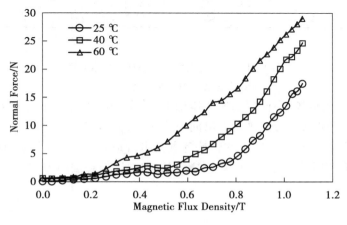

图 4.19   不同温度下稳态法向力

4.4.3 静态法向力与稳态法向力的比较

对比实验得到的静态法向力与稳态法向力如图4.20所示,剪切速率为1/s。在相同磁场强度作用下,稳态法向力的值比静态法向力的值大。根据前述定义,静态法向力是只对磁流变液施加磁场强度而没有剪切作用的影响,磁性颗粒在外加磁场作用下形成链状或柱状结构,产生排斥平板的作用力,但磁流变液中仍然存在短链及分散于基液的磁性颗粒,如图4.21(a)所示;而在剪切作用下,施加磁场后,形成的链状或柱状结构不仅会产生一定的倾斜,而且不连通的短链及分散的磁性颗粒更容易移动形成完整通链或挤压进已形成的链状结构,从而进一步增加法向力,如图4.21(b)所示。

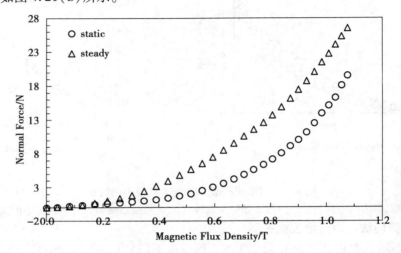

图4.20 静态法向力与稳态法向力对比

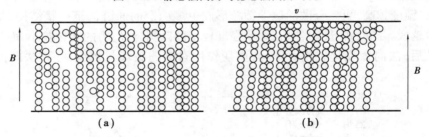

图4.21 静态法向力与稳态法向力示意图
(a)静态法向力;(b)稳态法向力

图4.22所示为低磁场、不同剪切速率作用下,静态法向力与稳态法向力的对比曲线。由图可知,磁场强度较小时,也会出现稳态法向力略小于静态法向力的情形。这主要是因为,在剪切作用下,此时磁流变液中不完整的颗粒链重新组合成新通链,但形成通链的数量较少,于是,这种链与链之间的不断断裂与重组导致静态法向力比稳态法向力大。

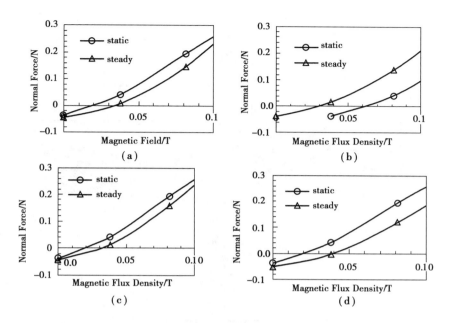

图 4.22　低磁场不同剪切速率下静态法向力与稳态法向力的对比
（a）剪切速率 0.1/s；（b）剪切速率 1/s；（c）剪切速率 10/s；（d）剪切速率 100/s

4.5　多孔泡沫金属中磁流变液的法向力

实验前，首先剪裁合适大小的多孔泡沫金属，并计算充满多孔泡沫金属所需磁流变液的体积，用注射器将磁流变液注入多孔泡沫金属，随后将泡沫金属粘贴在下平板。实验测试系统、原理及实验方法如 4.2 节和 4.3 节所述。其中，多孔泡沫镍厚度为 0.5 mm，孔隙率为 110 PPI，面密度为 500 g/m²。

4.5.1　多孔泡沫金属中磁流变液法向力产生机理

图 4.23 所示为外加磁场作用下，采用多孔泡沫金属储存磁流变液法向力的产生机理。初始状态下，剪切速率为零时，不施加任何磁场，在重力及表面张力的作用下，磁流变液储存在多孔泡沫金属里，如图 4.23（a）所示；如图 4.23（b）所示，外加磁场强度逐渐增加后，磁流变液中的磁性颗粒聚集成链状结构，当磁场强度超过一临界值，磁性颗粒链形成足够多足够长的通链，最终表现为排斥上极板的正值法向力；剪切作用下的法向力如图 4.23（c）所示，此时，除了已形成的磁性颗粒链，部分分散于基液中的磁性颗粒继而又形成新链，而且另外一些则由于剪切力的作用被挤压进已有的链或者柱状结构中，进一步增加了法向力。

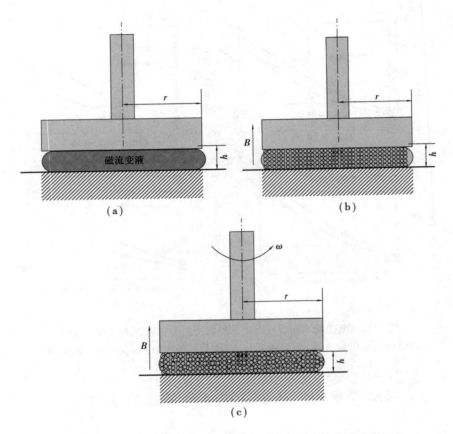

图 4.23　多孔泡沫金属磁流变液法向力产生机理
(a)储存在泡沫金属里的磁流变液;(b)静态状态,在磁场作用下,
磁性颗粒沿磁场方向成链;(c)剪切状态下磁流变液成链

4.5.2　静态法向力

(1)静态法向力与测试时间的关系

外加磁场作用下,采用泡沫金属储存磁流变液产生的静态法向力随着时间的变化曲线如图 4.24 所示。在恒定磁场作用下,随着测试时间的延长,静态法向力变化较小,只有小幅波动,这与单纯测试的磁流变液静态法向力得到的结果一致。不同的是,该静态法向力由负值变为正值所需的磁场强度比单纯测试磁流变液的静态法向力大。例如:磁场强度为 0.6 T 时,采用泡沫金属储存磁流变液得到的静态法向力约为 0.5 N;而单纯测试磁流变液的静态法向力约为 2.8 N。究其原因,主要在于施加磁场后,泡沫金属内部的基体骨架会影响磁性颗粒的移动,从而导致产生通链所需的磁场强度增大;同时,外加磁场力还需要克服重力及表面张力等作用,进一步使产生静态正值法向力的磁场强度变大。

(2)静态法向力与磁场强度的关系

静态法向力随着磁场强度的变化曲线如图 4.25 所示。和 4.4.1 节得到的结果类似,静态法向力随着磁场强度的增加而变大,而且磁场较小时,法向力随着磁场强度的变化较小;一旦法向力变为正值,则随着磁场的变化较快。同时,在磁场较小的区间(磁场强度小于 0.1 T),

初始静态法向力几乎没有发生变化,此时,由于外加磁场不足以使孔隙中的磁性颗粒发生移动并呈链状结构;随着磁场强度的增加,能够移动成链的磁性颗粒越来越多,静态法向力逐渐增大;当外加磁场强度超过临界值后($B = 0.479\ 6\ T$),泡沫金属中的磁性颗粒移动形成通链,静态法向力变成正值;进一步增加磁场强度,孔隙中能够移动的磁性颗粒越来越多,形成的通链越来越多,法向力越来越大。

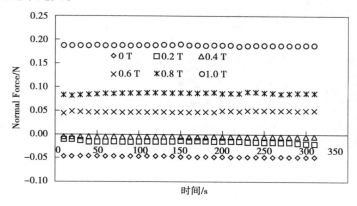

图 4.24　静态法向力随测试时间的变化曲线

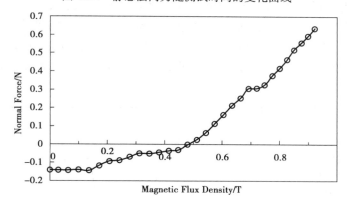

图 4.25　静态法向力随磁场强度的变化曲线

为了进一步说明静态法向力的产生过程,图 4.26 给出了外加磁场作用下,泡沫金属内的磁流变液表面形状的变化。图 4.26(a)所示为没有磁流变液时泡沫金属的表面形态;对泡沫金属内部充满磁流变液并施加一定磁场强度后的磁流变液变化如图 4.26(b)、(c)所示,其中$B_2 > B_1 > 0$,施加不同磁场后,在磁场力的作用下,储存在泡沫金属里的磁性颗粒开始移动并沿着磁场方向形成有序结构,此时,泡沫金属表面开始不稳定,产生不同数量的凸起,磁场强度越大,这种表面不稳定越明显,形成的凸起数量越多,法向力越大,这与图 4.25 所描述的静态法向力随着磁场强度的变化一致;撤掉磁场后,磁流变液在泡沫金属表面的形状变化如图4.26(d)所示,此时,大部分磁流变液流回泡沫金属,泡沫金属表面回归稳定状态,但由于剩磁的作用,仍有少部分磁流变液停留在泡沫金属表面。磁流变液在泡沫金属表面的形状演变过程可由图 4.26(e)所示磁性颗粒的微观结构演变解释。磁场强度越大,形成的磁性颗粒链越多;去掉磁场后,这些颗粒链又恢复到原始的分散状态,在重力和表面张力等作用下,磁流变液流回到泡沫金属中。

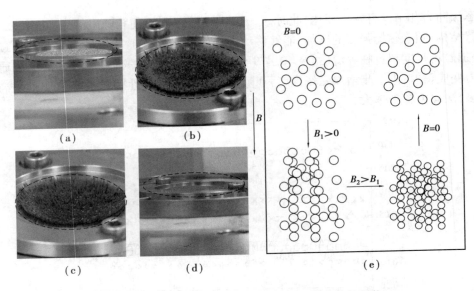

图 4.26　泡沫金属内磁流变液表面随磁场变化的形状

（3）间距与磁场强度的关系

图 4.27 所示为得到的平板间距与磁场强度的关系。与 4.4.1 节的研究结果类似，磁场强度越大，间距也越大，间距在某一磁场区间保持恒定的时间越短，这主要与磁性颗粒成链的速度有关。但与 4.4.1 节不同的是，间距从一平衡状态到达另一平衡状态的时间较长，说明采用多孔泡沫金属储存磁流变液后的动态响应时间变长。这不仅与重力和表面张力有关，还与泡沫金属内部的结构参数有关。

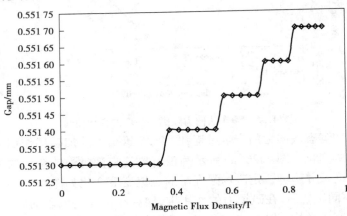

图 4.27　平板间距随磁场强度的变化曲线

（4）静态法向力与温度的关系

实验得到 3 个不同磁场强度、4 个温度（25 ℃，40 ℃，60 ℃和 80 ℃）下，静态法向力随温度的变化如图 4.28 所示。在同一磁场强度作用下，静态法向力随着温度的升高而增大，磁场强度越大，法向力的变化越大。磁场强度为 0.2 T 时，初始状态下，法向力表现为吸引下板的负值，随着温度的升高，磁流变液体积开始膨胀，法向力逐渐增大，最终表现为排斥上板的静态法向力变为正值。而当磁场强度为 0.6 T 和 1.0 T 时，初始状态下，颗粒链已经足够多，法向力为正值,温度越高,基液粘度越低,磁流变液体积膨胀越大,静态法向力越大。

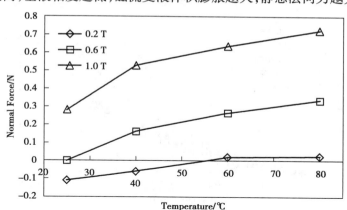

图4.28 静态法向力随温度的变化曲线

4.5.3 振荡剪切法向力与磁场的关系

（1）振荡剪切法向力与时间的关系

施加不同磁场,振荡剪切法向力随测试时间的变化曲线如图4.29所示。在较小恒定磁场作用下,法向力随着时间的变化波动较小,但最终都有略微增加的趋势,这与随着时间的延长,磁流变液中磁性颗粒链的增加有关;而当磁场强度较大时,随着时间的延长,法向力的波动比较明显,磁场越大,磁流变液中被磁化可自由移动的磁性颗粒越多,可形成的颗粒链也越多,但由于多孔泡沫金属特有的复杂骨架结构,在一定程度上限制了颗粒的成链,正是颗粒的成链与骨架阻碍之间的相互作用使法向力产生波动。

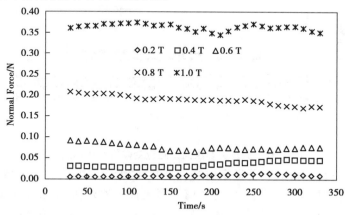

图4.29 振荡剪切法向力随时间的变化曲线

（2）振荡剪切法向力与磁场强度的关系

实验得到3个不同磁场强度、4个温度(25 ℃,40 ℃,60 ℃和80 ℃)下,静态法向力随温度的变化如图4.30所示。在同一磁场强度作用下,静态法向力随着温度的升高而增大,磁场强度越大,法向力的变化越大。磁场强度为0.2 T时,初始状态下,法向力表现为吸引下板的负值,随着温度的升高,磁流变液体积开始膨胀,法向力逐渐增大,最终表现为排斥上板的静态法向力变为正值。而当磁场强度为0.6 T和1.0 T时,初始状态下颗粒链已经足够多,法向力为正值,温度越高,基液粘度越低,磁流变液体积膨胀越大,静态法向力越大。

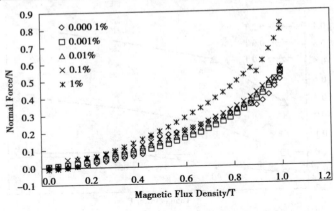

图4.30 振荡剪切法向力随磁场强度的变化曲线

（3）振荡剪切法向力与应变的关系

频率为1 Hz,不同磁场强度,梯度扫描应变幅值下,振荡剪切法向力与应变幅值的关系如图4.31所示。由图可知,法向力随着应变幅值的增加而增大。初始状态下（$B=0$）,法向力的值为负值,当磁场强度达到0.6 T时,法向力才变为正值。相对于4.4节磁流变液法向力随磁场强度的变化,由于重力、表面张力以及多孔泡沫金属复杂的网状结构对磁性颗粒运动的影响,此时产生正值的法向力所需的磁场强度明显比前者大。

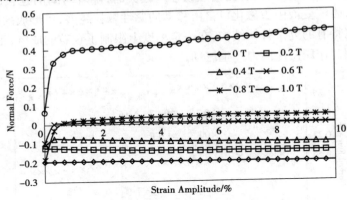

图4.31 振荡剪切法向力随应变幅值的变化曲线

此外,从图中还可以看到,对于恒定磁场,法向力随着应变幅值的变化被划分为两个区域。应变幅值小于临界值时,法向力随着应变幅值的增大而急剧增加,特别是在高磁场强度下,这种变化更为明显;而一旦应变幅值超过该临界值,法向力随着应变幅值的增加小幅增大,且该临界应变幅值与外加磁场强度的大小相关。虽然剪切作用破坏了形成的颗粒链,但随着磁场强度的增加,其中被破坏的磁性颗粒（或短链）不断重新组合成长链,最终达到一个新的平衡状态。当磁场强度足够大时,微观上磁性颗粒成链作用大于链的破坏,增大了法向力。

（4）振荡剪切法向力与频率的关系

图4.32所示为应变幅值为1%,扫描频率从1 Hz到50 Hz,不同磁场强度的振荡剪切法向力随频率的变化。从图中可以看出,磁场强度较低时,法向力随频率的增加略微减小;而当磁场强

度较大时,法向力随着频率的增加先略微增大后几乎没有明显变化。总体来说,振荡剪切法向力随着频率变化不大。郭朝阳认为在线性粘弹区和非线性粘弹区,振荡剪切法向力随着频率的变化不同,而在非线性粘弹区,磁流变液的微观结构变化很小,法向力的值几乎保持不变。

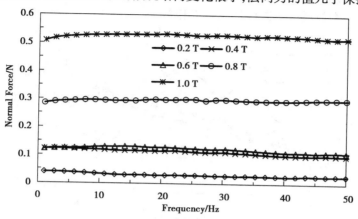

图4.32 振荡剪切法向力随频率的变化曲线

(5)振荡剪切法向力与温度的关系

为了研究振荡剪切法向力变化与温度的关系,分别测试了25 ℃,40 ℃和60 ℃3种不同温度在不同磁场作用下对法向力的影响。图4.33为扫描应变幅值对数变化从0.000 1%到1%,磁场强度为1.0 T时,振荡剪切法向力随应变幅值的变化曲线。在固定频率下,法向力随着温度的升高而增大。而在同一温度下,法向力随着应变幅值的变化呈现3个不同区域:在应变幅值较小的区间,振荡剪切法向力随着应变幅值的增加略微增大;在中应变幅值区间,法向力几乎为一稳定值;当应变幅值较大时,温度为25 ℃和40 ℃时,法向力随着应变幅值的增大而减小,而当温度为60 ℃时,振荡法向力随着应变幅值的增加而增大。法向力随温度及应变幅值的这种变化主要与外加磁场强度的大小和布朗运动有关。随着温度的升高,基液的粘度降低,体积膨胀,磁性颗粒随着磁场强度的增加而更容易移动成链,从而法向力也变大。同时,温度越高,布朗运动越激烈。因此,不同温度下,法向力随着应变幅值的这种变化取决于外加磁场强度的大小与布朗运动的竞争关系。

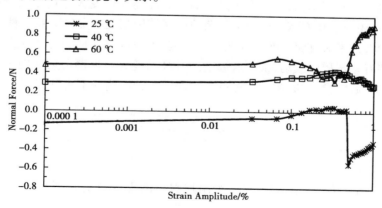

图4.33 不同应变幅值下振荡剪切法向力随温度的变化曲线

图 4.34 所示为应变幅值为 1%,磁场强度为 1.0 T,从 1 Hz 到 50 Hz 的扫描频率,不同温度下,振荡法向力随着频率的变化。由图可知,在恒定频率下,温度越高,法向力越大,这和不同磁场作用下法向力随着应变幅值的变化趋势相同。而在同一温度下,法向力都存在不同程度的波动,这主要与颗粒链的不断破坏与重组相关。

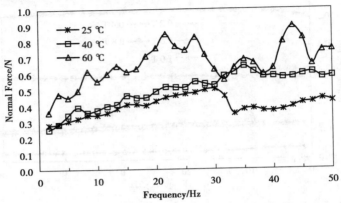

图 4.34　不同频率下振荡剪切法向力随温度的变化曲线

4.6　本章小结

本章首先采用磁场能量法研究了沿磁场方向法向力的产生机理。随后,采用高级流变仪研究了磁流变液在剪切模式下的法向力。实验结果表明,无论哪种法向力,磁流变液与磁场强度之间都呈一定指数关系,随着温度的升高,法向力也随之变大,上下两极板的间距随着磁场强度的增加而变大。对磁流变液施加稳定剪切,法向力随剪切速率的变化可分为 3 个区域,法向力的这种变化主要是磁性颗粒链的不断破坏与重组造成的。

在研究磁流变液法向力基础之上,研究了采用多孔泡沫金属储存磁流变液时的静态法向力和振荡剪切法向力。与磁流变液法向力相比,不同磁场作用下,采用多孔泡沫金属储存磁流变液产生的法向力明显较小,而且产生法向力的临界磁场强度变大。这不仅与所储存的磁流变液的体积有关,还与多孔泡沫金属内部复杂的网状结构相关。实验结果表明,采用多孔泡沫金属储存磁流变液并未对磁流变液的性能产生影响,无论静态法向力还是振荡剪切法向力随着时间的变化都有一定程度波动,都随着温度的升高而变大。振荡剪切法向力随着应变幅值的增加先突然增大后缓慢增加,频率对振荡剪切法向力的影响并不明显。

参考文献

[1] 刘旭辉. 基于多孔泡沫金属的磁流变液阻尼材料的理论及实验研究 [D]. 上海:上海大学,2009.

[2] SHULMAN Z P,KORDONSKY V I,ZALTSGENDLER E A, et al. Structure, physical proper-

ties and dynamics of magnetorheological suspensions［J］. International Journal of Multiphase Flow, 1986,12: 935-955.

［3］ SHKEL Y M,KLINGENBERG D J. A thermodynamic approach to field-induced stresses in electro- and magnetoactive composites ［J］. International Journal of Modern Physics B,2001, 15: 795-802.

［4］ SHKEL Y M, KLINGENBERG D J. A continuum approach to electrorheology ［J］. Journal of Rheology, 1999,43:1307-1322.

［5］ DE VICENTE J, GONZALEZ-CABELLERO F, BOSSIS G, et al. Normal force study in concentrated carbonyl iron magnetorheological suspensions ［J］. Journal of Rheology, 2002,46: 1295-1303.

［6］ SEE H,TANNER R. Shear rate dependence of the normal force of a magnetorheological suspension ［J］. RheologicaActa, 2003,42:166-170.

［7］ LAUN H M,GABRIEL C, SCHMIDT G. Primary and secondary normal stress differences of a magnetorheological fluid (MRF)up to magnetic flux densities of 1 T ［J］. Journal of Non-Newtonian Fluid Mechanics, 2008,148: 47-56.

［8］ LOPEZ-LOPEZ M T,KUZHIR P,DURAN J D Q, et al. Normal stresses in a shear flow of magnetorheological suspensions: viscoelastic versus maxwell stresses ［J］. Journal of Rheology, 2010,54:1119-1136.

［9］ JIANG J L, TIAN Y, REN D X,et al. An experimental study on the normal stress of magnetorheological fluids ［J］. Smart Materials and Structures, 2011,20: 085012.

［10］ Liu X H, Wong P L, Wang W, et al. Modelling of the B-field effect on the free surface of magnetorheological fluids ［C］//Journal of Physics: Conference Series. IOP Publishing, 2009,149(1):1-5.

［11］ CHAN Y T,WONG P,LIU K P,et al. Repulsive normal force by an excited magneto-rheological fluid bounded by parallel plates in stationary or rotating shear mode ［J］. Journal of Intelligent Material Systems and Structures, 2011,22: 551-560.

［12］ CHAN Y T. Response of excited magnetorheological fluid along magnetic field ［D］. Hong Kong: City University of Hong Kong, 2009.

［13］ Guo C Y, Gong X L,Xuan S H, et al. An experimental investigation on the normal force behavior of magnetorheological suspensions［J］. Korea-Australia Rheology Journal, 2012, 24 (3): 171-180.

［14］ Gong X L,Guo C Y, Xuan S H, et al. Oscillatory normal forces of magnetorheological fluids ［J］. Soft Matter, 2012,8(19): 5256-5261.

［15］ Guo C Y, Gong X L,Xuan S H, et al. Normal forces of magnetorheological fluids under oscillatory shear［J］. Journal of Magnetism and Magnetic Materials, 2012, 324: 1218-1224.

［16］ Zubarev A Y. Yield stress of magnetic suspensions［J］. Colloid Journal, 2012, 74(6): 703-707.

［17］ 易成建. 磁流变液:制备,性能测试与本构模型［D］. 重庆:重庆大学, 2011.

［18］ 吴其晔,巫静安.高分子材料流变学［M］.北京:高等教育出版社,2002.

［19］施拉姆. 实用流变测量学［M］. 朱怀江,译. 北京:石油工业出版社,2009.

［20］BIRD R B,ARMSTRONG R C,HASSAGER O. Dynamics of polymeric liquids:fluid mechanics［M］. New York:Wlely, 1987.

［21］郭朝阳. 磁流变液法向力及减振器研究［D］. 北京:中国科学技术大学, 2013.

［22］李德才. 磁性液体理论及应用［M］. 北京:科学出版社, 2003.

［23］Yan Y X, Hui L X, Yu M, et al. Dynamic response time of a metal foam magneto-rheological damper［J］. Smart materials and structures, 2013, 22(2): 1-8.

［24］Zhu Y, Gross M, Liu J. Nucleation theory of structure evolution in magnetorheological fluid ［J］. Journal of intelligent material systems and structures, 1996, 7(5): 594-598.

［25］龚兴龙, 李辉, 张培强. 磁流变液的制备, 机理和应用 ［J］. 中国科技大学学报, 2006 (1): 23-27.

第 5 章
磁流变液在磁场作用下的上升机理及实验

本章建立了磁流变液在磁场中上升高度的理论计算模型,为分析多孔泡沫金属磁流变液阻尼材料的阻尼效应提供了理论依据。研究了磁流变液中磁性颗粒的成链机理,推导了磁流变液在磁场中的上升高度与外界磁场强度之间的关系,建立了用于计算磁流变液上升高度的数学模型,并利用磁流变液的参数对建立的模型进行了数据仿真;设计了一套测试磁流变液上升高度的系统,实验研究了磁流变液在磁场作用下的上升现象,通过与数据仿真结果进行对比研究表明,建立的模型可以用于计算磁流变液在磁场作用下的上升高度。

5.1 磁流变液在磁场作用下的上升机理

根据本文的研究目的,磁流变液起初储存在多孔泡沫金属里面,由于受到多孔泡沫金属微孔的毛细管力,不流动也不泄漏,在外加磁场的作用下,磁流变液被抽出,上升到剪切间隙中而产生阻尼效应,因此,需要研究磁流变液在磁场中的上升现象,这是本文理论研究的重要部分。

5.1.1 磁流变液中磁性颗粒的成链原因

磁流变液中的磁性颗粒在磁场作用下成链或链束的原因存在很多假说,常见的有磁畴理论、相变理论和场致偶极矩理论,本节从磁性粒子受力的角度分析了磁流变液中磁性颗粒成链的原因,为进一步研究磁流变液的上升现象提供了理论基础。

研究中作如下假设:①磁流变液中基液为非导磁性材料;②磁流变液中的铁磁性颗粒为圆球状,大小一致;③磁性颗粒充分磁化;④在微观状态下分析单个直链或者粒子受力时,不考虑单个链的倾斜。

假设磁流变液中的磁性颗粒的半径为 R,由磁性物理学可知,颗粒被磁化后的磁矩为

$$\boldsymbol{m} = V\boldsymbol{M} = \frac{4}{3}\pi R^3 \chi_{\mathrm{m}} \boldsymbol{H} \tag{5.1}$$

式中　V——单个颗粒的体积;

　　　$\boldsymbol{M}$——磁化强度;

　　　χ_{m}——磁性颗粒的磁化率;

$\boldsymbol{H}$——磁场强度。

式(5.1)中,单个粒子磁矩的方向和外磁场的方向一致。

颗粒 j 在颗粒 i 处产生的磁感应强度为

$$\boldsymbol{B}_j = -\frac{\mu_0}{4\pi r_{ij}^3}\boldsymbol{m}_j + \frac{3\mu_0}{4\pi r_{ij}^5}(\boldsymbol{m}_j \cdot \boldsymbol{r}_{ij})\boldsymbol{r}_{ij} \tag{5.2}$$

式中 μ_0——真空磁导率;

r_{ij}——两颗粒 i 和 j 之间相对位置的矢量。

如图 5.1 所示,颗粒 i 受到的磁场作用力为

$$\begin{aligned}
F_i^m &= \boldsymbol{m} \cdot \nabla \boldsymbol{B} \\
&= \frac{3\mu_0}{4\pi r_{ij}^5}(\boldsymbol{m}_i \cdot \boldsymbol{m}_j - 5\boldsymbol{m}_{ir} \cdot \boldsymbol{m}_{jr})\boldsymbol{r}_{ij} + \frac{3\mu_0}{4\pi r_{ij}^4}(\boldsymbol{m}_{ir} \cdot \boldsymbol{m}_j + \boldsymbol{m}_{jr} \cdot \boldsymbol{m}_i) \\
&= \frac{3\mu_0 m^2}{4\pi r_{ij}^4}\big[(1 - 5\cos^2\theta_{ij})\hat{\boldsymbol{r}}_{ij} + 2\cos^2\theta_{ij}\big]
\end{aligned} \tag{5.3}$$

式中 $\boldsymbol{B}$——外加磁场的磁感应强度;

$\boldsymbol{m}_{ir}$ 和 $\boldsymbol{m}_{jr}$——分别为磁矩 $\boldsymbol{m}_i$ 和 $\boldsymbol{m}_j$ 沿 r_{ij} 方向的分量;

θ_{ij}——r_{ij} 与磁感应强度 $\boldsymbol{B}$ 的夹角。

磁化颗粒的这种运动趋势与其受到的磁力特性有关,按磁偶极子理论,磁化颗粒即磁偶极子受到的磁力方向并不沿两颗粒的中心连线方向,而是与之呈一定角度,相对位置不同,角度也会不同,这也引起了两颗粒聚集或分离,其位置示意如图 5.1 所示。

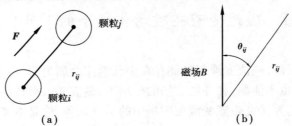

图 5.1 磁流变液中磁性颗粒的受力

(a)磁性颗粒的受力;(b)矢量方向示意图

若磁场为竖直方向,两粒子的位置如图 5.1(b)所示,则两粒子之间的磁场力 F 沿水平方向的分力 $\boldsymbol{F}_{mx}$ 和竖直方向的分力 $\boldsymbol{F}_{mz}$ 可由式(5.3)得到

$$\begin{bmatrix} \boldsymbol{F}_{mx} \\ \boldsymbol{F}_{mz} \end{bmatrix} = \frac{3\mu_0 m^2}{4\pi r_{ij}^4}\begin{bmatrix} \sin\theta_{ij}(1 - 5\cos^2\theta_{ij}) \\ \cos\theta_{ij}(3 - 5\cos^2\theta_{ij}) \end{bmatrix} \tag{5.4}$$

若要颗粒聚合在一起形成链状结构,它们必须相互靠近,即 $\boldsymbol{F}_{mx}$ 和 $\boldsymbol{F}_{mz}$ 都为引力,也就是在式(5.4)中,两者的值均为正。

由 $\sin\theta_{ij}(1 - 5\cos^2\theta_{ij}) = 0$,有

$$\theta_{ij} = 0 \text{ 或 } \theta_{ij} = \arccos(\sqrt{5}/5)$$

由 $(3 - 5\cos^2\theta_{ij})\cos\theta_{ij} = 0$,有

$$\theta_{ij} = \pi/2 \text{ 或 } \theta_{ij} = \arccos(\sqrt{15}/5)$$

下面分 3 种情况分析颗粒的运动。

（1）$0 \leqslant \theta_{ij} < \arccos(\sqrt{15}/5)$

如图 5.2（a）所示，两者水平和竖直方向的磁场力分量都为引力，磁性颗粒在两个方向上都相互靠拢，且在运动过程中夹角 θ_{ij} 越来越小，最终颗粒沿磁场方向排列。

（2）$\arccos(\sqrt{15}/5) \leqslant \theta_{ij} < \arccos(\sqrt{5}/5)$

如图 5.2（b）所示，$\boldsymbol{F}_{mx}$ 为引力，$\boldsymbol{F}_{mz}$ 为斥力，磁性颗粒在水平方向靠拢，但在竖直方向远离，这样的运动使得夹角 θ_{ij} 越来越小，达到一定程度后，$\boldsymbol{F}_{mx}$ 也为引力，因此转化为第一种情况，最后颗粒聚合成链。

（3）$\arccos(\sqrt{5}/5) \leqslant \theta_{ij} \leqslant \pi/2$

如图 5.2（c）所示，$\boldsymbol{F}_{mx}$ 和 $\boldsymbol{F}_{mz}$ 都为斥力，颗粒相互远离。一般情况下，它们会分别与其他颗粒在远处形成链，这种情况避免了所有颗粒都聚在一起形成单一链的问题。

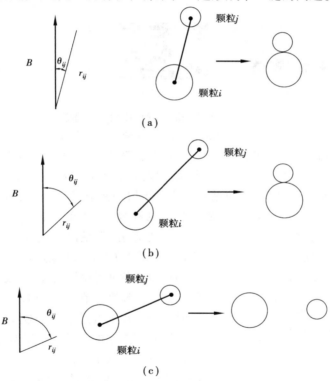

图 5.2　颗粒在不同位置的运动情况

（a）$0 \leqslant \theta_{ij} < \arccos(\sqrt{15}/5)$；（b）$\arccos(\sqrt{15}/5) \leqslant \theta_{ij} < \arccos(\sqrt{5}/5)$；（c）$\arccos(\sqrt{5}/5) \leqslant \theta_{ij} \leqslant \pi/2$

由于影响磁流变液中颗粒成链的因素很多，比如磁性颗粒的大小分布及磁流变液的密度不均匀等，这些因素使磁性颗粒不可能全部都沿磁场方向排列为规则的直通链，不可避免地存在少数链，其排列方向不沿磁场方向，甚至无规则地弥散于磁流变液中。外界磁感应强度较小时，磁性颗粒远未达到磁饱和，此时磁场对磁流变液剪切应力的影响明显，而随着磁感应强度的增加，磁性颗粒逐渐达到磁饱和状态，其相互作用达到极值，从而使磁流变液也达到了剪切屈服应力。

由此,对磁流变液的成链机理的分析表明,在磁流变液中,磁性颗粒在磁场作用下,会由一种自由状态转变为链状,这为磁流变液产生剪切阻尼提供了理论依据。

5.1.2 磁流变液在磁场中上升的运动方程

根据多孔泡沫金属磁流变液阻尼材料的设计理念,磁流变液在初始状态下储存在多孔泡沫金属材料里面,在外磁场作用下,磁流变液在磁场作用力下被抽出到达多孔泡沫金属的表面,由于磁流变液中的基液与金属可磁化颗粒具有不同的磁导率,使磁场产生不均匀性,磁性颗粒受力而进行链化。换句话说,微观下的不均匀磁场给予金属可磁化颗粒链化的动力。

如果不考虑磁流变液中的界面作用,并忽略磁流变液在磁场中的不均匀性,磁流变液上升时应该为等高的"柱状",如图5.3(a)所示。但是从初步实验结果来看,实际并非如此(见图5.3(b)),因此在实际计算时,必须综合考虑磁流变液在磁场中的受力,此时的理想状态如图5.3(c)所示。

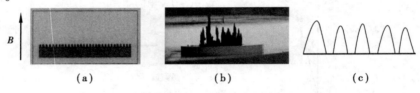

图5.3 磁流变液在磁场作用下的演变
(a)理想状态;(b)实际实验;(c)示意图

一定体积的磁流变液,在初始状态下,没有外加磁场时,其表面呈水平状态,在竖直方向的磁场作用下,其表面状态会发生变化,达到稳定时,其形状由磁力、引力和表面张力等外力相互平衡所决定。一般地,给一定体积的磁流变液加均匀外磁场,当增加磁场强度时,磁流变液的磁化强度也将增大,当其到某一临界值时,磁流变液的表面将不再光滑,而是出现波峰与波谷,Gollwitzer等人对磁性液体产生的这种现象进行了研究,发现磁性液体的液滴形状最接近椭圆,因此,本文也采用近似椭圆的形状来研究磁流变液在磁场中的上升现象。

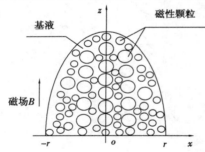

图5.4 磁流变液的上升模型

磁流变液在上升过程中的模型如图5.4所示,假设磁流变液充满图示的空间 X_F,其他部分为空气区域 X_A,均匀磁场垂直于水平表面 $z=0$,在不考虑磁流变液内部磁场的梯度时,其内部的磁场强度记为 H,则磁流变液的 Maxwell 方程为

$$B = \begin{cases} \mu_0(H+M) & \text{在 } X_F \\ \mu_0 H & \text{在 } X_A \end{cases}$$

式中 M——磁流变液的磁化强度。

假定磁流变液的磁化强度 M 与磁场强度 H 为线性关系,即 $M = \chi_0 H$,得到磁流变液的磁化强度和磁感应强度的关系如下:

$$M = \frac{\chi_0}{\mu_0(\chi_0+1)}B \tag{5.5}$$

式(5.5)中,χ_0 为磁流变液的磁化率。

根据参考文献[8],针对表面水平的一薄层磁流变液,其表面发生变化时的临界磁化强度为

$$M^* \geqslant \left[\frac{2\sqrt{\rho g \sigma}}{\mu_0\left(1 + \frac{1}{\sqrt{\mu_r \mu_s}}\right)}\right]^{\frac{1}{2}} \tag{5.6}$$

而出现磁流变液"凸峰"的个数为

$$k^* = \sqrt{\rho g / \sigma} \tag{5.7}$$

式中　μ_r,μ_s——分别是与磁流变液磁导率有关的常数;

　　　μ_0——真空磁导率;

　　　k^*——产生磁流变液峰值的个数;

　　　σ——磁流变液的表面张力系数。

假定磁流变液在流动过程中是连续的和不可压缩的,由 Euler 方程得

$$\rho\left[\frac{\partial v}{\partial t} + (v\text{grad})v\right] = -\text{grad } p + \mu_0 M \text{ grad } H + \rho g \tag{5.8}$$

式(5.8)中,只考虑了磁流变液的线性磁化过程,也就是磁流变液的磁化强度正比于外磁场强度,其中 v 是磁流变液上升的速度,ρ 是磁流变液的密度,g 为重力加速度,M 和 H 为磁流变液中的磁化强度和磁场强度,在静止状态下,$v = 0$,则磁流变液的流体静力学方程为

$$\nabla p = \mu_0 M \nabla H - \rho g \tag{5.9}$$

对式(5.9)积分,考虑各个矢量的方向,则其大小关系可表示为

$$p = \mu_0 \int_0^H M \mathrm{d}H - \rho g z + c \tag{5.10}$$

式中,$z = \xi(x,y,t)$,表示磁流变液的上升高度,c 是积分常数,在 $z = \xi$ 处,磁流变液和空气之间的压力为零,由式(5.10)得,该处的压力可用平衡方程表示:

$$p = \sigma K - \frac{\mu_0}{2}M^2 \tag{5.11}$$

式中　K——磁流变液的表面形状在该处的曲率。

由式(5.10)和式(5.11)得

$$\rho g \xi + \sigma K - \mu_0\left(\frac{M^2}{2} + \int_0^H M \mathrm{d}H\right) = C \tag{5.12}$$

如图 5.4 所示,在 $r = 0, \xi = h$ 处,有

$$\rho g h + \sigma K(h) - \frac{\mu_0}{2}\left[\frac{\chi_0}{\mu_0(\chi_0 + 1)}B(h)\right]^2 = C \tag{5.13}$$

在与中心点 O 的距离 r 远大于 0 处,$\xi = 0$,则有

$$\sigma K - \frac{\mu_0}{2}\left[\frac{\chi_0}{\mu_0(\chi_0 + 1)}B_0\right]^2 = C \tag{5.14}$$

由式(5.13)和式(5.14)得

$$-\rho g h - \sigma K(h) + \frac{\chi_0}{2\mu_0(\chi_0 + 1)}[(B^2(h) - B_0^2)] = 0 \tag{5.15}$$

式中　B_0——外界磁感应强度；

　　　$K(h)$——峰值 h 处的曲率；

　　　$B(h)$——h 处磁流变液内部的磁感应强度，可根据近似的椭圆形状进行估算。其中，h 处磁流变液内部的磁感应强度和外界磁感应强度的关系可以由参考文献[8]得到：

$$\frac{B(h)}{B} = \frac{1 + (\mu_r - 1)\left(1 - \dfrac{\beta}{2}\right)}{1 + (\mu_r - 1)\beta\left(1 - \dfrac{\beta}{2}\right)} \tag{5.16}$$

式中　β——椭圆的几何参数可以从参考文献[8]得出。

　　这样式(5.15)即为建立的磁流变液在磁场中上升高度与外界磁感应强度之间的关系式，关系式同时也表征了磁流变液在磁场中上升高度的影响因素包括磁流变液的密度、磁化率、表面张力以及所选择的近似图形等。

5.2　磁流变液在磁场作用下的上升实验

5.2.1　实验台的机械部分

　　为了观察磁流变液在磁场中的上升现象，测试磁流变液的上升高度，一薄层磁流变液水平放在垂直匀强磁场中，当外界的磁场强度超过某一定值时，磁流变液的表面出现波峰和波谷现象，这些磁流变液波峰的形状变化主要由式(5.15)中的各项参数决定。测试实验台如第 2 章中的描述，并加以了改进，改进后的测试装置示意图如图 5.5 所示，由于磁流变液在上升过程中是一个动态的过程，间隙内部的磁场会发生变化，考虑到实际的工程应用以及测试方便，用于测试磁感应强度的特斯拉计探针位于靠近磁流变液的水平表面上方的某一固定位置，摄像机的镜头平面与磁感应强度方向平行，和刻度尺一起用于测定磁流变液表面上升的情况。

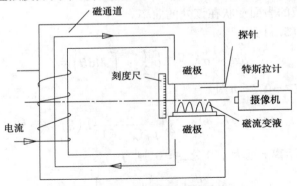

图 5.5　实验测试装置示意图

　　实验装置的其他性能可以参考第 2 章 2.4 节的部分内容。

　　由于磁流变液内部的气泡会影响对磁流变液的上升和内部的磁场分布，因此，在实验之前，先将磁流变液在真空泵中进行真空处理，然后倒入带内孔的塑料挡圈中，其中挡圈厚度为 2.5 mm，内孔直径为 13 mm，如图 5.6 所示，直到磁流变液填满塑料挡圈的内孔，然后将孔抹平,使得磁流变液的表面与塑料挡圈的表面处于同一水平面上,调节刻度尺,使刻度尺的放置垂直于水平方向,将其起点刻度对准磁流变液和塑料挡圈的表面。通过外部电源向线圈中通电,当线圈中的电流为零时,这时磁流变液的表面没有变化,随着线圈中电流的增加,这时磁流变液内部的磁感应强度增加,在超过某一临界值时,挡圈内的磁流变液出现了波峰,记下此时峰值的高度与特斯拉计的示数,即为磁流变液的上升高度与外界磁感应强度之间的关系,在某一磁场强度下,测试结果如图 5.6 所示。

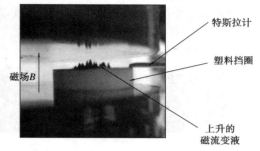

图 5.6　实验测试图

5.2.2　实验结果与仿真

仿真计算和实验所用磁流变液是美国 Lord 公司提供的 MRF-132AD,这是一种碳氢化合物基的悬浮液,其中微米级磁性颗粒的体积大约为 36%,其他特性如表 5.1 所示。

表 5.1　磁流变液的物理特性

磁流变液的特性	物理符号	近似值
密度/$(g \cdot cm^{-3})$	ρ	3.06
表面张力系数/$(mN \cdot m^{-1})$	σ	60
粘度系数/$(Pa \cdot s)$	η	0.092

表 5.1 中,磁流变液的密度和粘度系数来自 Lord 公司提供的参数,表面张力系数来自载液。在磁场作用下,磁流变液的磁性能可以从 Lord 公司提供的资料中得出,其中,磁感应强度和磁场强度之间的关系如图 5.7 所示。

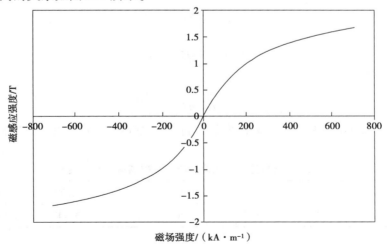

图 5.7　MRF-132AD 的磁性能

根据图 5.7,由 $B = \mu_0(\chi_0 + 1)H$,可以算出磁流变液的初始磁化系数为 $\chi_0 = 5.05$。

图 5.8 是实验中得到的在不同的磁感应强度下,磁流变液上升的高度图,单个磁流变液波

峰的上升高度可以由实验测出,这些波峰随着外加磁场的增加而逐步增加,其表面形状也近似一个椭圆的上半部分,在磁场大到一定程度以后,中间部分发生断裂,形成上下两段。

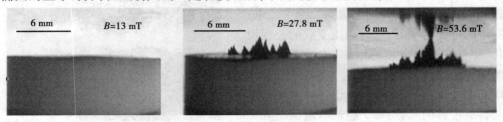

图5.8　不同磁场下磁流变液上升的高度

根据表5.1中的相关参数,从式(5.7)可以得到磁流变液出现波动时的临界磁感应强度:

$$B^* = \frac{\mu_0(\chi_0 + 1)}{\chi_0} M^*$$

$$= \frac{\mu_0(\chi_0 + 1)}{\chi_0}\left[\frac{2\sqrt{\rho g \sigma}}{\mu_0\left(1 + \frac{1}{\sqrt{\mu_r \mu_s}}\right)}\right]^{\frac{1}{2}} \tag{5.17}$$

将数据代入式(5.17)中,计算得 $B^* = 12.64$ mT,其中 μ_r 和 μ_s 由磁流变液的磁化曲线可以分别得到,假设磁流变液上升之后的表面轮廓为椭圆形,则曲率

$$K(h) = \frac{h}{r^2} \tag{5.18}$$

针对式(3.17),记

$$A_1 = \frac{2\mu_0(\chi_0 + 1)}{\chi_0}\rho g \tag{5.19}$$

$$A_2 = \frac{2\mu_0(\chi_0 + 1)}{\chi_0}\frac{\sigma}{r^2} \tag{5.20}$$

且有 $A = A_1 + A_2$,式(5.15)变为

$$B^2(h) - B_0^2 = Ah \tag{5.21}$$

联立式(5.16)得到

$$\left[\left(\frac{6.05}{1 + 5.05 \times 0.38}\right)^2 - 1\right]B_0^2 = Ah \tag{5.22}$$

将数据代入式(5.22)中,得到磁流变液的上升高度与外界磁感应强度之间的关系如表5.2所示。

表5.2　磁流变液上升的高度与外界磁感应强度的关系

磁感应强度/mT	14	17.38	19.41	21.47	22.99	25.78	32.3
上升的高度/mm	1.59	1.88	2.36	2.83	3.14	3.45	3.92

实验过程中,由于磁流变液内部磁场分布不均以及磁性颗粒的团聚等因素的影响,磁流变液表面出现凸峰的高度不同,在同一个实验测试中,针对5个不同的磁流变液峰进行了测试,实验结果及误差如表5.3所示。

表 5.3　实验测试结果

外部磁场强度/mT	测试值/mm	下端误差/mm	上端误差/mm
13.62(临界)	1.16	0.17	0.21
16.84	1.54	0.12	0.09
19.59	1.892	0.21	0.12
23.99	2.38	0.08	0.23
25.89	2.583	0.18	0.28
27.69	2.9	0.12	0.12
32.79	3.41	0.14	0.23

表 5.3 中,13.62 mT 为实际测得的磁流变液开始上升时的临界磁感应强度,其中最大的误差和最小的误差分别选择 5 次测试不同的结果。

5.3　结果分析与讨论

根据上面的计算和测试,得到了在不同的外界磁场强度下,磁流变液上升的高度和外界磁感应强度之间的关系,如图 5.9 所示,实验结果中的上下偏差线为选取不同峰值所产生的误差。

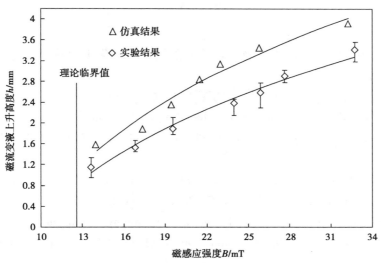

图 5.9　磁流变液的上升高度与磁感应强度之间的关系

图 5.9 表明:

①磁流变液在磁场作用下能够上升,其上升的高度与外部磁场强度的大小有关,实验结果与所建立模型得到的仿真结果较为相近,因此,所建立的模型可以用来描述和研究磁流变液在磁场中的上升机理。

②实验观察和仿真的结果表明,在外界的磁感应强度超过某一临界值,即 $B > B^*$ 时,水平的磁流变液层表面开始变得不稳定,并出现一些波峰,该波峰在很短的时间内上升到 1 mm 以上,随着外界磁感应强度的增加,磁流变液层的波峰数和波峰高度也出现明显的增加,在磁感应强度继续增大时,实验中的磁流变液峰将到达磁极的上表面。

③为了得到较多的磁流变液,需要提供较大的磁感应强度。

推导磁流变液在磁场中的上升高度主要参照的是磁性液体,与后者相比,磁流变液在磁性颗粒的大小、性能以及磁化系数方面都有很大的不同,这会带来一定的误差,其他可能引起测试误差的原因还有磁流变液的性能参数,比如表面张力系数、磁流变液的沉淀以及实验操作中产生的误差等。

5.4　本章小结

本章主要从理论和实验上研究了磁流变液在磁场中的上升机理,建立了磁流变液在磁场中上升的高度与外界磁感应强度的计算模型,并根据磁流变液的参数对建立的模型进行了数据仿真。利用设计的实验台,实验研究了磁流变液的上升现象,实验结果与理论上建立的模型计算结果接近,说明建立的模型可以用来计算磁流变液在磁场中的上升高度。本章研究结果表明,磁流变液在磁场的作用下能够上升,填充剪切间隙并产生阻尼效应。

参考文献

［1］李海涛,彭向和,黄尚廉.基于偶极子理论的磁流变液链化机理模拟研究［J］.功能材料,2008(6):902-904.

［2］李德才.磁性液体理论及应用［M］.北京:科学出版社,2003.

［3］Liu X H, Wong P L, Wang W, et al. Modelling of the B-field effect on the free surface of magnetorheological fluids［C］//Journal of Physics:Conference Series. IOP Publishing, 2009, 149(1):1-15.

［4］Adrian Lange, Heinz Langer, Andreas Engel. Dynamics of a single peak of the Rosensweig instability in a magnetic fluid［J］. Physica D, 2000(140):294-305.

［5］Christian Gollwitzer, Gunar Matthies. The surface topography of a magnetic fluid:a quantitative comparison between experiment and numerical simulation ［J］. J. Fluid Mech, 2007(571):455-474.

［6］V G Bashtovoi, O A Lavrova, V K Polevikov, et al. Computer modeling of the instability of a horizontal magnetic-fluid layer in a uniform magnetic field［J］. Journal of Magnetism and Magnetic Materials, 2002(252):299-301.

［7］Gunar Matthiesa, Lutz Tobiskab. Numerical simulation of normal-field instability in the static and dynamic case［J］. Journal of Magnetism and Magnetic Materials, 2005(289):346-349.

［8］Engel，A Lange，H Langer，et al. A single peak of the Rosensweig instability［J］. Journal of Magnetism and Magnetic Materials，1999（201）：310-312.

［9］J David Carlson，Mark R Jolly. MR fluid，foam and elastomer devices［J］. Mechatronics，2000（10）：555-569.

第 **6** 章
多孔泡沫金属磁流变液阻尼材料性能测试系统

磁流变液在磁场中的上升机理表明,在外界磁场强度达到某一临界值后,磁流变液开始上升,如果磁流变液储存在多孔泡沫金属内,在磁场的作用下,磁流变液也会被抽出填充剪切间隙,产生剪切阻尼。据此,本章首先介绍了多孔泡沫金属磁流变液阻尼材料的制作过程,设计了用于测试该阻尼材料剪切转矩和响应时间的机械结构,主要包括上下剪切盘、上盖板、底座等构成的磁回路;采用数值计算和 ANSYS 仿真的方法分析了测试机械结构内部的磁感应强度,并进行了实验测试;研制了一套测试系统,由时间继电器、力传感器、电机以及数据采集系统等组成,介绍了测试剪切转矩和响应时间的原理和方法。

6.1 性能测试的结构设计及工作原理

前述的分析表明,只有储存在多孔泡沫金属内的磁流变液上升到一定的高度时,才能产生明显的阻尼效应。

在多孔泡沫金属磁流变液阻尼材料的设计中,为了加快磁流变液的渗入速度,减少磁流变液内空气对磁感应强度的影响,磁流变液首先通过真空处理,并借助真空泵的作用填满多孔泡沫金属的孔隙,如图 6.1(a)所示。在外界磁场的作用下,储存在多孔泡沫金属内的磁流变液克服重力、粘滞阻力以及表面张力等作用力,被抽到剪切间隙 h 处,产生磁流变效应,如图 6.1(b)所示。

在便于实验测试的基础上,为了让磁流变液达到期望的剪切屈服强度,结构参数的设计主要依据磁流变液的剪切屈服应力与磁感应强度之间的关系,根据 Lord 公司提供的资料,磁流变液的性能如图 6.2 所示。

为了避免磁路过早出现饱和以及考虑磁流变液的剪切屈服应力的变化,参数设计按照以下步骤进行:

①根据图 6.2,在外界磁场强度约为 180 kAmp/m 时,达到磁流变液的剪切屈服应力,此时继续增加外部的磁场强度,磁流变液的剪切屈服应力可以认为保持不变,根据图 5.7,选择 $B=0.5$ T 进行初步计算。

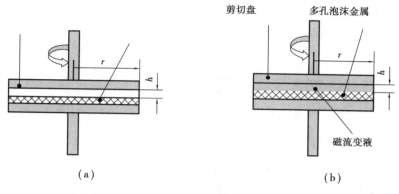

图 6.1　多孔泡沫金属磁流变液阻尼材料的工作原理

（a）加磁场前；（b）加磁场后

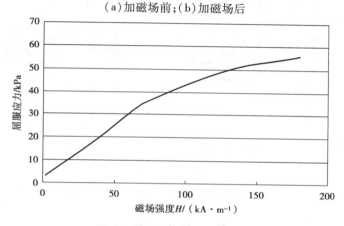

图 6.2　磁流变液的力学特性

②设计中,选择的常用多孔泡沫金属材料的厚度为 1.5 ~ 2.5 mm,剪切间隙 h 按照1 mm 进行初步计算,并设计为可调。

③设计线圈的匝数为 2 000,采用直径为 1 mm 的铜导线绕制而成,线圈中的最大通电电流为 2 A,这样可保证线圈中的电流不会超过铜导线的额定电流;2 000 匝铜导线的近似长度为 700 m,计算得其电阻为 3.9 Ω(实际测得为 3.8 Ω)。

测试多孔泡沫金属磁流变液阻尼材料性能的结构设计如图 6.3(a)所示,其中图 6.3(b)为局部放大图。

表 6.1 为图 6.3 中的零部件特性。图 6.3 中,由于磁流变液在产生磁流变效应的过程中,会同时出现法向应力,而该力将会促使上剪切盘和下剪切盘向相反方向运动,引起剪切间隙变化。因此,将图 6.3(b)中的上剪切盘和图 6.3(a)中的连接杆采用紧定螺钉连接,使其成为一个整体,磁流变液产生的法向应力将通过套筒传递给予其接触的滚动轴承,由该滚动轴承传递给套筒,由于套筒是采用内六角平端紧定螺钉与上盖板固定在一起,从而阻止了上剪切盘由于法向应力引起的上移;下剪切盘也采用了类似的结构,从而保证了上下两剪切盘之间的间隙不变。在径向,由于采用了滚动轴承,可以忽略径向的摩擦对多孔泡沫金属磁流变液阻尼材料剪切转矩的影响。

为了调节测试中的剪切间隙,图中采用了凸台垫片,可以根据测试的要求,改变其厚度和材料而得到不同剪切间隙;通过调节线圈支架,可以将线圈的中心和上下剪切盘间隙的中心定位在同一水平线上;上剪切盘、下剪切盘、上盖板、基座、底座等组成了磁回路,磁力线的走向如图6.3(a)所示。

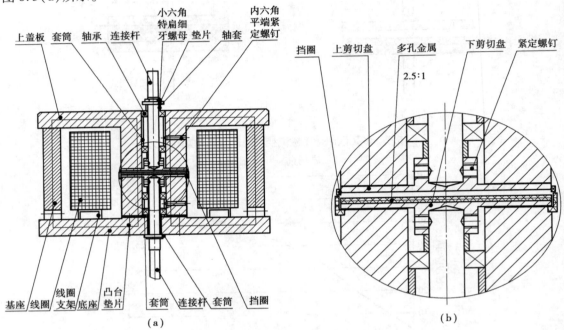

（a）

图6.3　多孔泡沫金属磁流变液阻尼材料的性能测试机械结构图

（a）内部设计图;（b）局部放大图

表6.1　测试机械结构中的零部件特性

序　号	代　号	名　称	数　量	材　料	备　注
1		上盖板	1	20#钢	
2		套筒	1	铜	
3		轴承	4		NSK 200069
4		连接杆	1	不锈钢	
5	GB 808-88	小六角特扁细牙螺母	2		
6	GB/T 95-1985-10	垫片	2	不锈钢	
7	GB/T 18324	轴套	3	CuSn8P	C10×12×6Y
8	GB/T 77-2000	内六角平端紧定螺钉	2	不锈钢	M 4×20
9		基座	1	20#钢	
10		线圈	1	铜线	1 mm,2 000 匝
11		线圈支架	1	铝(或不导磁体)	
12		底座	1	20#钢	
13		凸台垫片	1	20#钢(或铝片)	根据实验选择

续表

序号	代号	名称	数量	材料	备注
14		套筒	1	铜	
15		连接杆	1	不锈钢	
16	GB/T 18324	套筒	1	CuSn8P	C10×14×20Y
17		挡圈	1	4F	
18		挡圈	1	4F	
19		上剪切盘	1	20#钢	
20		多孔金属	1	铜,铁,镍	根据实验选择
21		下剪切盘	1	20#钢	
22	GB/T 77-2000	紧定螺钉	4	不锈钢	M4×5

在实验过程中,首先根据上下两剪切盘的大小,制作面积相等的多孔泡沫金属,然后采用适量的胶水将其粘贴在下剪切盘的表面,并保持多孔泡沫金属的表面水平,如图6.4(a)所示,其中采用的是多孔泡沫金属铜,然后将足量的磁流变液注入多孔泡沫金属的表面,借助真空泵,在0.06 Pa下保持5分钟,让磁流变液充分渗入多孔泡沫金属孔隙内,直到轻轻接触多孔泡沫金属的表面会出现磁流变液溢出的迹象为止,如图6.4(b)所示,这时可以认为已经完全充满。

图6.4(b)也表明,采用多孔泡沫金属储存磁流变液后,磁流变液不会因为流动而引起泄漏。

(a) (b)

图6.4 多孔泡沫金属磁流变液阻尼材料的制作
(a)贴有多孔泡沫金属的下剪切盘;(b)储存磁流变液后

6.2 性能测试实验台的安装、调试

根据多孔泡沫金属磁流变液阻尼材料设计及工作原理,在加工阶段需要对上下两剪切盘表面的跳动进行调试。首先利用跳表,测得上下剪切盘的跳动最大的为0.02 mm,与预先设计的剪切间隙1 mm相比,可以认为上下剪切盘的跳动对测试结果无影响。

针对上下两剪切盘的平行度及同心度,预先采用适量的红丹粉,均匀涂抹在上下剪切盘表面上,旋转之后,初步查看其效果,然后按照图6.3组装,图6.5为利用磁流变液进行检验的效果。图6.5表明,上、下剪切盘的表面有着较好的平行度,满足实验的要求。

图 6.5　上、下剪切盘的调试

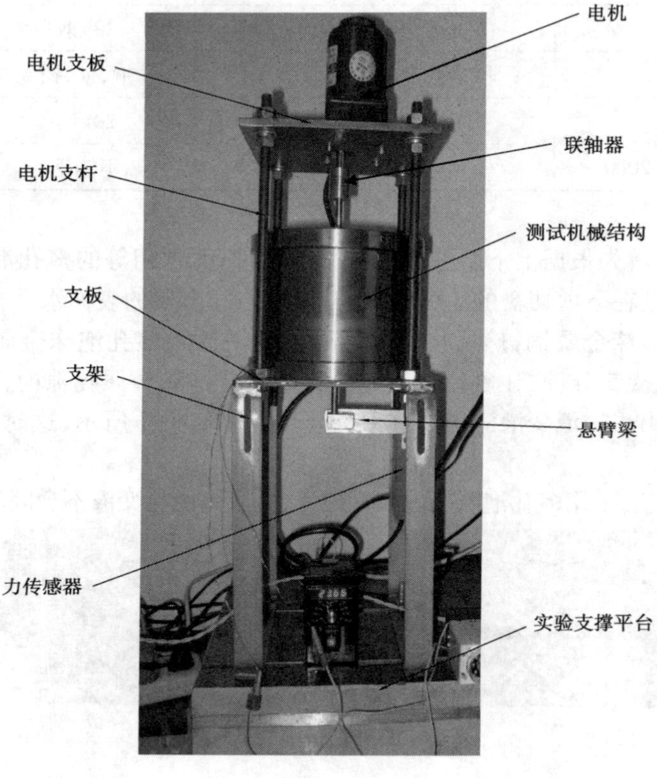

电机

电机支板

联轴器

电机支杆

测试机械结构

支板

支架

悬臂梁

力传感器

实验支撑平台

图 6.6　实验固定台架

　　根据图 6.3,加工制作的测试机械结构及其实验台的安装固定如图 6.6 所示。首先将电机与电机支板通过 4 个螺栓固定为一体,利用 4 根双头螺杆,上端连接电机支板,通过 4 个紧定螺母固定,下端固定在支板上面,电机的输出端利用联轴器与上剪切杆(连接上剪切盘)连接在一起,通过调节零部件的位置,使电机输出轴和上剪切杆的中心线重合;支架和支板焊接在一起,然后固定在实验平台上;悬臂梁的一端通过紧定螺钉固定在机械结构的下剪切杆上,另一端紧靠力传感器,力传感器通过两个定位螺钉固定在测试机械结构的支架上面,便于测试输出的剪切力;其中电机支板和机械结构的支板为 6 mm 厚的非导磁性不锈钢,支架为 4 根 3 mm×3 mm 的非导磁性不锈角钢,在测试机械结构的下部开有两个 20 mm×20 mm 的方孔,一个便于线圈中导线的布置,一个用于特斯拉计探针的放置。

6.3 内部的磁场分析

根据图6.3中设计的测试机械结构,对剪切间隙内部的磁感应强度进行了计算和有限元仿真,并采用特斯拉计对其进行了测试,与计算和仿真的结果进行了对比研究,其中用于计算的模型如图6.7所示。

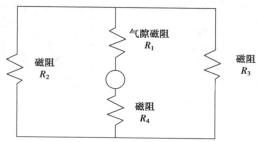

图6.7 内部磁感应强度的计算模型

在起始阶段,为了计算方便,假设所用的20#钢的磁感应强度与磁场强度之间为线性关系,相对磁导率为常数800,空气隙长度为5.0 mm,设计中的上下两剪切盘的直径为60 mm,计算得到空气隙横截面积为

$$A_1 = \frac{\pi}{4} \times 60^2 \times 10^{-6} = 2.826 \times 10^{-3}(\text{m}^2)$$

总磁阻为

$$R = 1.46 \times 10^6(\text{A/Wb})$$

根据磁感应强度的计算公式并代入数据得

$$B = \frac{\Phi}{A} = \frac{NI}{RA} = \frac{2\,000I}{2.826 \times 10^{-3} \times R}$$

得磁感应强度与线圈中所加电流的关系为

$$B = \frac{2\,000\,I}{1.46 \times 10^6 \times 2.826 \times 10^{-3}} = 0.433I$$

内部的磁场仿真主要利用 ANSYS Workbench 中的磁场仿真模块,首先利用 ANSYS 中的 Design 模块,按照给定的尺寸进行结构设计,得到的示例如图6.8(a)所示,然后将该三维设计图导入磁场仿真模块中,并对材料的磁导率参数进行设置,其他参数与计算部分相同。

为了与计算值进行对比,仿真模型没有考虑中间放置多孔泡沫金属及磁流变液的情况,线圈中电流为0.1 A时得到的内部磁力线分布如图6.8(b)所示,通过更换不同的电流值,得到了剪切间隙内磁感应强度与外加电流之间的关系,如图6.9所示。

实验测试中,将图6.3中的凸台垫片换成铝片,并通过在剪切间隙内部放置不同厚度的20#钢片,保证磁路的磁阻与此前计算和仿真时相同,根据特斯拉计探针的尺寸,在铝片上开一个适当大小的孔,得到的实验测试结果如图6.9所示。

图6.9表明,在外加电流为0.1 A时,对剪切间隙内部的磁感应强度计算、仿真和实验测试的结果,三者较为接近;随着电流的增加,在电流为0.5 A时,三者的误差达到了14%,这主

要是由于计算和仿真时,将 20#钢的相对磁导率设置为常数 800,而实际情况下,随着外界磁场强度的增加,20#钢的相对磁导率会发生变化,这就导致偏差变大。

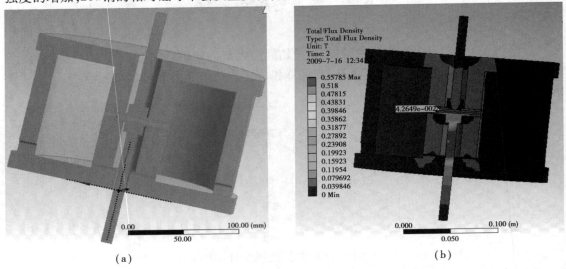

（a） （b）

图 6.8　内部的磁场仿真

（a）设计图；（b）$I = 0.1$ A 的磁场仿真结果

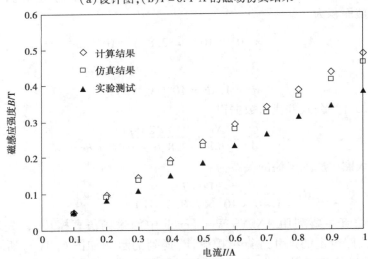

图 6.9　剪切间隙内部的磁场与外加电流的关系

当间隙内填充不同的多孔泡沫金属或磁流变液时,根据第 2 章的分析,多孔泡沫金属和磁流变液的磁性也会对剪切间隙内部的磁感应强度产生影响。根据上述的测试方法,将凸台垫片换成带有小孔的铝片,在间隙内填充多孔泡沫金属铜、镍和铁以及磁流变液时,用特斯拉计测试了间隙内部的磁感应强度,结果如图 6.10 所示。填充不同的多孔泡沫金属和磁流变液时,剪切间隙内部的磁感应强度和线圈中电流之间的关系是:当剪切间隙内填充磁流变液时,磁感应强度最大;填充多孔泡沫金属铜时,磁感应强度最小。根据第 3 章的分析,这主要与材料的相对磁导率有关,同时说明了间隙内填充的 4 种材料,磁流变液的相对磁导率最大,多孔泡沫金属铁的相对磁导率其次,而多孔泡沫金属铜的相对磁导率最小。

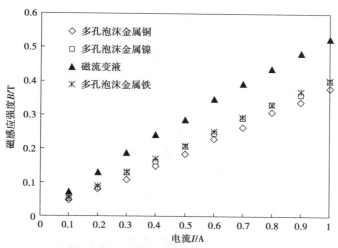

图6.10　剪切间隙内部磁感应强度与电流的关系
（内部填充不同的多孔泡沫金属及磁流变液的测试）

6.4　数据采集测控系统

6.4.1　测试系统及硬件部分

为了测试多孔泡沫金属的类型（或材料）、外加电流（磁场）以及剪切间隙等参数对多孔泡沫金属磁流变液阻尼材料的响应时间以及剪切转矩的影响，需要对相关数据进行采集和处理，设计的性能测试系统如图6.11所示。

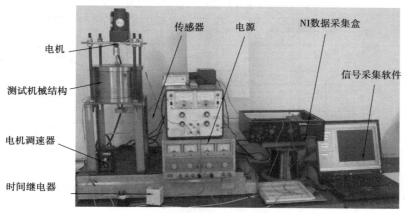

图6.11　多孔泡沫金属磁流变液阻尼材料的性能测试系统

根据本章介绍的工作原理，对测试系统中所采用的仪器进行了选择，其中电机的型号主要根据磁流变液产生的剪切屈服应力（可能产生的最大剪切转矩）来选择，其转速可以通过电机调速器控制，并在起始阶段进行校正；电机和测试机械结构中的上连接杆4之间采用联轴器进行连接；时间继电器主要用于选择内部通电时间的参考时间点。时间继电器有两路，首先设置为一路导通，另一路断开，在到达设置的时间后，两个通道会同时互换，这两路信号分别接在数据采集模块上,输入到计算机中进行分析处理,在时间继电器的通电线路中,采用一个按钮开关进行通电的控制。力传感器由美国 Tedea-Huntleigh 生产,型号为 RS-232,测量的范围是 0.5 ~ 2 kg,竖直安装在图 6.6 中所示的支架上,并让其触点和悬臂梁的一端进行平面接触。悬臂梁力臂为 85 mm,使用前先对力传感器进行了校正,采取逐渐增加砝码的方式,单独给力传感器供电,此时的外力为零,采集软件上显示约为 1.425 V,如图 6.12 所示,然后在力传感器上施加不同质量的砝码,同时记下此时的电压信号,得到传感器的受力与输出的电压信号之间的关系如图 6.13 所示,信号采集系统采用的是 NI 公司生产的带 5B 模拟模块和 SSR 数字模块的 NI SC-2311,它集成了供电模块且带屏蔽功能,电压信号的测量范围为 ±10 mV ~ ±20 V。

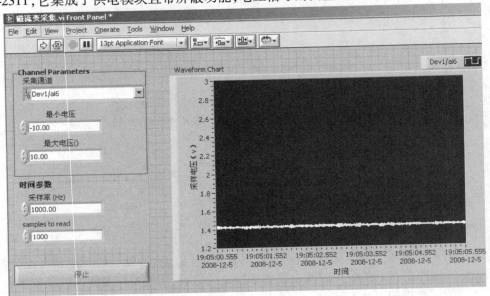

图 6.12　没有负载时力传感器的力信号

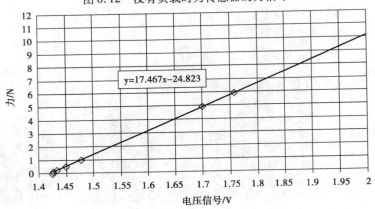

图 6.13　力传感器信号与电压信号之间的关系

6.4.2　软件部分及调试

数据采集系统的软件部分是利用 Labview 软件编制的信号采集程序,主要包括采集通道的选择、采样率及采样点数的选择、输入的电压设置和信号采集的显示区域,此外还设计了采集停止的控制开关。设计采集面板如图 6.12 所示,程序设计如图 6.14 所示。

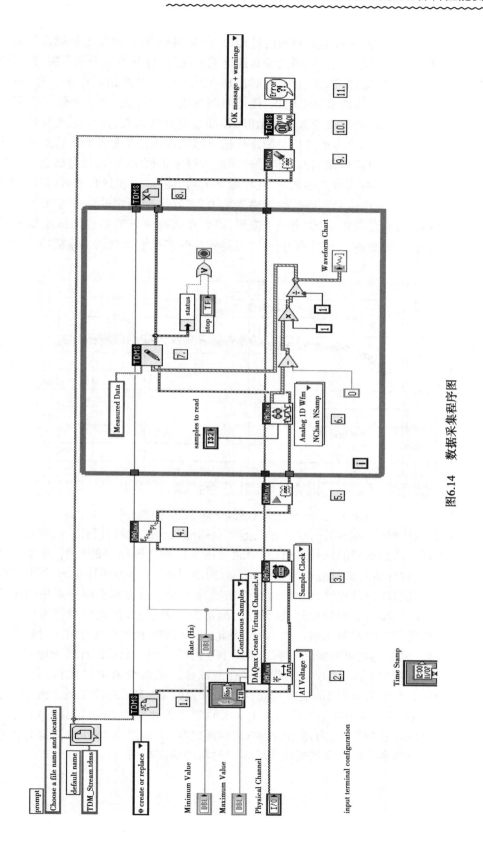

图6.14 数据采集程序图

测试多孔泡沫金属磁流变液阻尼材料的性能时,首先驱动电机,利用电机调速器调节好电机的转速,让电机处于工作状态,在线圈内没有通电的情况下,打开数据采集面板,根据选择的数据采集模块设置好采集通道,选择运行,此时出现在外力为零时的初始电压信号,显示约为1.425 V。根据期望的电流值调节供电电压,接通时间继电器的开关,由于接通了线圈中的电流,储存在多孔泡沫金属内的磁流变液开始上升,逐渐填充剪切间隙,产生磁流变效应。由于电机的转动,产生了剪切力,该力通过位于测试机械下部的连接杆及悬臂梁传递给图6.6中所示的力传感器,力传感器再将检测到的力信号传递给数据采集模块,输入计算机进行保存。

采集面板上出现的实时信号描述如下:在电流接通后,经过一段时间,电压信号出现阶跃,如图6.15所示,这时的电压信号可以转换为输入的力信号(实时图中的处理方法下同),在采集到的信号平稳后,按采集面板上的"停止"按钮,得到在该电流下的多孔泡沫金属磁流变液阻尼材料产生的剪切力,根据悬臂梁的力臂,即可得到此时多孔泡沫金属磁流变液阻尼材料的剪切转矩。

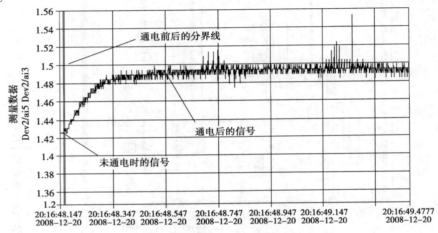

图6.15　通电前后力传感器检测到的信号实时图

磁流变液的响应时间为毫秒级,对于多孔泡沫金属磁流变液阻尼材料而言,也在毫秒级的范围内,本文选择了两路不同的信号通道:一个通道用于检测线圈通电的时刻,主要包括数据采集模块和计算机软件运行的响应时间;另一个通道用于检测产生剪切转矩的时间,主要包括力传感器、数据采集模块以及计算机软件运行等的响应时间。考虑到不同的采集通道的响应时间可能会引起误差,实验前单独对其进行测试,测试的结果表明,在同时提供电压信号的情况下,两个通道获得信号的时间相隔不到 1 ms,因此,可以忽略不同通道的响应时间对多孔泡沫金属磁流变液阻尼材料响应时间的影响。利用上述测试的两个通道设计的响应时间测试原理如图6.16所示。其中 t_1,t_2,t_3,t_4 分别代表多孔泡沫金属磁流变液阻尼材料、力传感器、采集卡以及计算机(包括软件运行)的响应时间,根据图6.16(a),多孔泡沫金属磁流变液阻尼材料的响应时间 $t_1 = (t_1 + t_2 + t_3 + t_4) - (t_2 + t_3 + t_4)$,通道1和通道2响应时间的差值就是多孔泡沫金属磁流变液阻尼材料和力传感器的响应时间之和,根据图6.16(b),测得力传感器的响应时间 t_2,即可得到多孔泡沫金属磁流变液阻尼材料的响应时间 t_1。

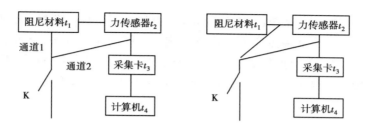

图 6.16　多孔泡沫金属磁流变液阻尼材料响应时间的测试原理

（a）阻尼材料和力传感器的响应时间测试；（b）力传感器的响应时间测试

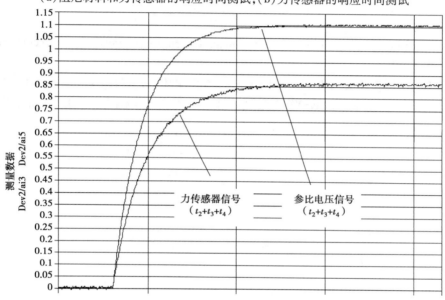

图 6.17　力传感器响应时间的测试

　　根据图 6.16(b)，对力传感器的响应时间进行了测试，结果如图 6.17 所示。图 6.17 中采用了一个电压（参比电压）作为参考，参比电压和力传感器的电源通过同一开关进行控制，也就是力传感器和参比电压同时开始，其中的参比电压通道的响应时间主要包括采集模块和计算机及软件的响应时间，而力传感器通道信号的响应时间主要包括力传感器和参比电压的响应时间，两者之差即为力传感器的响应时间，根据图 6.17，从初态到稳态，参比电压信号和力传感器信号所需时间基本相等，可以认为力传感器的响应时间很小，所以忽略其对多孔泡沫金属磁流变液阻尼材料响应时间的影响。据此分析，两通道的响应时间之差即为多孔泡沫金属磁流变液阻尼材料的响应时间。

6.5　本章小结

　　本章根据磁流变液在磁场中的上升机理，设计了用于测试多孔泡沫金属磁流变液阻尼材料的机械结构，主要包括上下剪切盘、上盖板、底座等，采用计算和 ANSYS 软件仿真的方法研究了内部的磁感应强度，并进行了实验测试；开发了一套用于测试多孔泡沫金属磁流变液阻尼材料剪切转矩和响应时间的系统(由时间继电器、力传感器、电机、联轴器以及数据采集系统构成),提出了多孔泡沫金属磁流变液阻尼材料响应时间的测试方法,分析了力传感器、数据采集模块、计算机及软件等对该阻尼材料响应时间的影响,结果表明,这套测试系统可用于测试多孔泡沫金属磁流变液阻尼材料产生阻尼效应的响应时间以及剪切转矩,为下两章的实验测试提供了依据。

参考文献

[1] J David Carlson, Mark R Jolly. MR fluid, foam and elastomer devices[J]. Mechatronics, 2000 (10): 555-569.

[2] 小飒工作室. 最新经典 ANSYS 及 Workbench 教程[M]. 北京:电子工业出版社,2004.

[3] 盛和太,喻海良,范训益. ANSYS 有限元原理与工程应用实例大全[M]. 北京:清华大学出版社,2006.

多孔泡沫金属磁流变液阻尼材料的剪切转矩是由于外加磁场将储存在多孔泡沫金属内的磁流变液抽出,填充在多孔泡沫金属上表面与上剪切盘下表面之间的剪切间隙而产生的。本章主要研究了多孔泡沫金属的种类、剪切间隙、外加电流(磁场)及剪切应变等参数对多孔泡沫金属磁流变液阻尼材料剪切转矩的影响,结果表明,采用多孔泡沫金属铜储存磁流变液时产生的剪切转矩最大,并进行了理论分析,发现剪切间隙内部的磁感应强度和析出的磁流变液的体积是影响剪切转矩的两个主要因素。通过对剪切间隙内部磁场的仿真和在多孔泡沫金属磁流变液阻尼材料的表面增加不同体积的磁流变液,研究了两者对剪切转矩的影响。

7.1 实验简介及数据的处理方法

本章通过测试某种多孔泡沫金属磁流变液阻尼材料的剪切转矩来说明实验中的数据处理方式,其中所采用的材料及参数如下:电机转速为 17 rpm,磁流变液为 MRF-132AD,多孔泡沫金属铜的厚度为 1.6 mm,孔隙率为 110 PPI,外加电流从 0.3,0.6,0.9,1.2 到 1.5 A 逐步增加,剪切间隙 h 为 1.16 mm。

在不同时刻给线圈中施加不同的电流,得到传感器的电压信号与电流的关系如图 7.1 所示。由于该图给出的数据不能直观地反映多孔泡沫金属磁流变液阻尼材料的剪切转矩和外加电流之间的关系,因此需要对上述数据进行处理。

将传感器采集到的电压信号根据图 6.13 中的数据关系转换为力的大小,再乘以力臂 85 mm,得到多孔泡沫金属磁流变液阻尼材料的剪切转矩与外加电流的关系,整理后的数据如图 7.2 所示。

图 7.2 显示了在某一时刻改变电流时,多孔泡沫金属磁流变液阻尼材料的剪切转矩变化,从图中可以得到其与电流的关系,如表 7.1 所示。

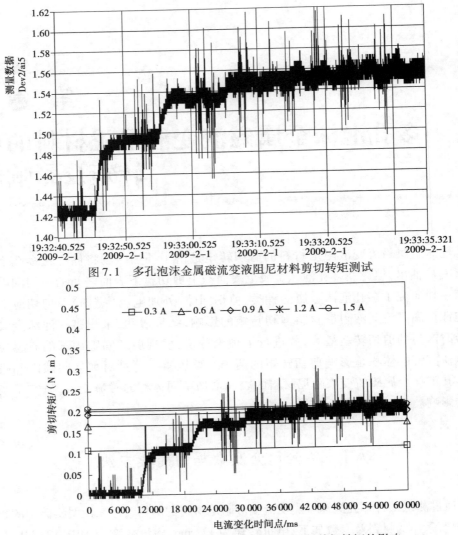

图 7.1　多孔泡沫金属磁流变液阻尼材料剪切转矩测试

图 7.2　电流对多孔泡沫金属磁流变液阻尼材料剪切转矩的影响

（实验条件同图 6.1）

表 7.1　剪切转矩与电流的关系

电流/A	0.3	0.6	0.9	1.2	1.5
剪切转矩/（N·m）	0.108	0.166	0.192	0.201	0.206

7.2　剪切转矩测试

7.2.1　多孔泡沫金属材料、剪切间隙和电流对剪切转矩的影响

实验的测试系统如第 6 章所述,测试中所用的实验材料及参数如下:磁流变液为 MRF-

132AD,实验的可调剪切间隙为 0.48,0.76,1.00,1.16 和 1.34 mm,实验中的电流为 0.3,0.6,0.9,1.2 和 1.5 A。

剪切间隙主要是通过改变图 6.3 中凸台垫片的厚度进行调节,多孔泡沫金属材料由广西梧州三和新材料有限责任公司和湖南长沙科力远新材料有限责任公司提供,三种材料的结构参数如表 7.2 所示。

表 7.2 多孔泡沫金属结构参数

多孔泡沫金属	厚度/mm	孔隙率/PPI
铜	1.6	95-110
镍	1.6	110
铁	1.6	110

根据 7.1 节中的数据处理方式,将实验数据进行了相应处理,得到的实验结果如图 7.3 和图 7.4 所示,其中,图 7.3(a)为外加电流、剪切间隙对多孔泡沫金属铁磁流变液阻尼材料剪切转矩的影响,图 7.3(b)为采用多孔泡沫金属镍时的结果,图 7.3(c)为采用多孔泡沫金属铜时的结果,图 7.4(a)为外加电流 0.3 A 时三种多孔泡沫金属磁流变液阻尼材料的剪切转矩,图 7.4(b)—(e)为逐步增大电流时的实验结果。

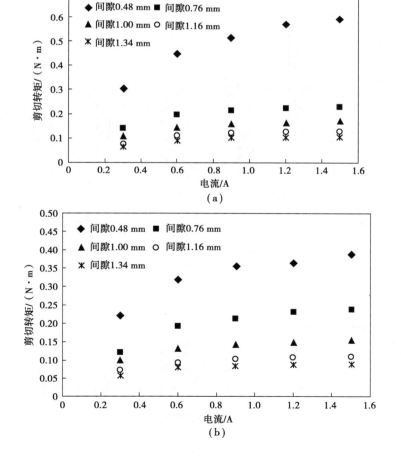

(a)

(b)

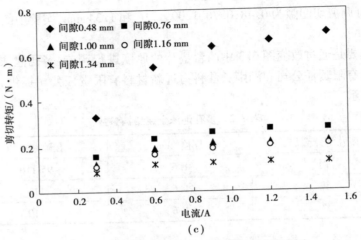

（c）

图 7.3　不同间隙下，外加电流对剪切转矩的影响
（a）多孔泡沫金属铁磁流变液阻尼材料；（b）多孔泡沫金属镍磁流变液阻尼材料；
（c）多孔泡沫金属铜磁流变液阻尼材料

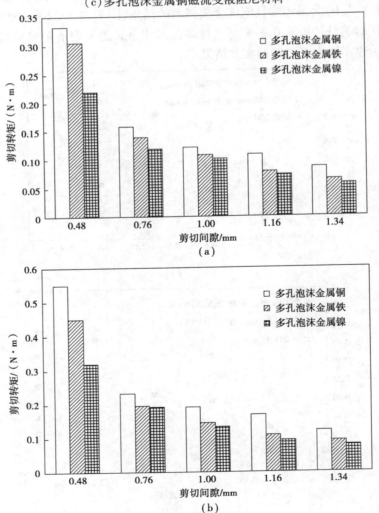

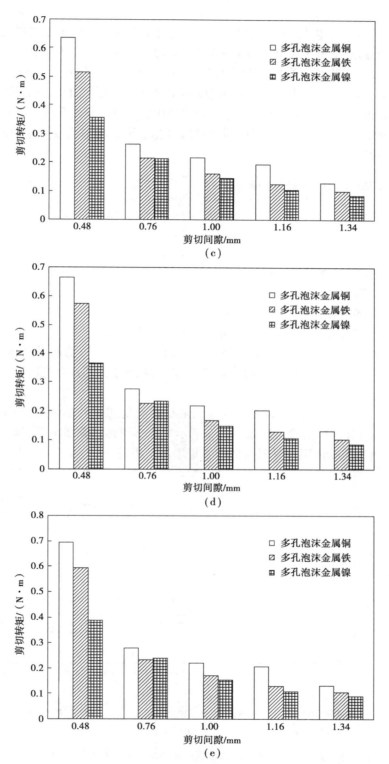

图 7.4 采用不同材料时,剪切间隙对剪切转矩的影响

(a)外加电流 0.3 A ;(b)外加电流 0.6 A 时;(c)外加电流 0.9 A 时;

(d)外加电流 1.2 A 时;(e)外加电流 1.5 A 时

图 7.3 表明,在外加电流较小的情况下,多孔泡沫金属磁流变液阻尼材料的剪切转矩随着电流的增加而快速增加,在电流超过 0.9 A 以后,剪切转矩的增加量不明显。

图 7.4 表明:①在剪切间隙为 0.48 ~ 1.34 mm 时,采用多孔泡沫金属铜储存磁流变液所产生的剪切转矩总是大于采用多孔泡沫金属铁和镍时,而采用多孔泡沫金属铁和镍时,两者的剪切转矩大小相近。产生上述结果主要是由于间隙内的磁感应强度和从多孔泡沫金属的孔隙内析出的磁流变液体积不同。②针对相同材料的多孔泡沫金属磁流变液阻尼材料,随着剪切间隙的增加,其剪切转矩将会明显减小。

7.2.2 剪切应变对剪切转矩的影响

定义剪切应变为

$$\dot{\gamma} = \frac{\omega r}{h} \tag{7.1}$$

式中　r——上下剪切盘的半径,m;

　　　h——剪切间隙,m;

　　　ω——电机的转速,r/mm。

根据电机转速和剪切间隙,可以计算得到剪切应变的大小。

保持外加电流为 1.0 A,通过调节凸台垫片,设置 5 个不同的间隙值,经测试,分别为 0.48、0.76、1.00、1.16 和 1.34 mm,通过调节电机转速,得到其剪切应变分别为 31、68、105、149 和 186 s^{-1}。

测试剪切应变对多孔泡沫金属磁流变液阻尼材料剪切转矩的影响时,当采用厚度为 1.6 mm 的多孔泡沫金属铁时,实验结果如图 7.5 所示。在不同的间隙情况下,随着剪切应变的增加,多孔泡沫金属磁流变液阻尼材料的剪切转矩增加不明显。

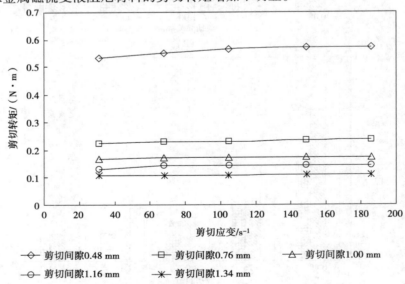

图 7.5　剪切应变对多孔泡沫金属磁流变液阻尼材料剪切转矩的影响

7.3　实验结果的分析与讨论

7.3.1　剪切转矩的计算

针对多孔泡沫金属磁流变液阻尼材料,磁流变液在磁场的作用下表现出非牛顿流体的特性,其力学模型可以采用 Bingham 模型(7.2)进行描述:

$$\tau = \tau_y + \eta\dot{\gamma} \tag{7.2}$$

式中　τ_y——磁流变液的磁致剪切屈服应力;

η——磁流变液的粘度系数。

剪切转矩为

$$T = 2\pi\left(\frac{r_d^3\tau_y}{3} + \frac{\omega\eta r_d^4}{2h}\right) \tag{7.3}$$

式(7.3)给出了多孔泡沫金属磁流变液阻尼材料的剪切转矩与剪切圆盘的半径 r_d、外部的磁感应强度(主要影响磁致剪切屈服应力)、剪切应变及剪切间隙 h 之间的关系。根据磁流变液的特性,在外加电流后,剪切转矩的大小主要与磁流变液的磁滞剪切屈服应力有关,而随剪切应变率的变化并不明显,这也表明可能在上剪切盘和磁流变液的表面存在滑移。

从图6.2中可以看出,在磁感应强度达到约0.8 T时,磁流变液达到剪切屈服应力;继续增加线圈内的电流强度时,剪切转矩的增加并不明显。由于改变剪切间隙时也改变了间隙内部的磁感应强度,因此,对多孔泡沫金属磁流变液阻尼材料的剪切转矩影响较为明显,这方面可以从磁感应强度对剪切转矩的影响的角度进行分析。

7.3.2　磁感应强度对剪切转矩的影响

针对本章7.2节中多孔泡沫金属磁流变液阻尼材料剪切转矩的测试结果,在选择不同的多孔泡沫金属材料时,它们之间主要的不同在于金属的相对磁导率,相对磁导率的差异不仅影响了剪切间隙内部的磁感应强度,而且也影响了从多孔泡沫金属中析出磁流变液的体积。

在磁场通过导磁性的多孔泡沫金属时,会产生磁场屏蔽效应,图7.7和图7.8给出了在采用不同材料的多孔泡沫金属储存磁流变液时孔隙内磁流变液内部和剪切间隙内部磁感应强度的仿真结果,其中图7.6为仿真时的设计图。

图7.6中,B_0 为储存在多孔泡沫金属孔隙内的磁流变液内部的磁感应强度,B_1 为剪切间隙内的磁感应强度。当采用不同的多孔泡沫金属时,得到的 B_0 和 B_1 如图7.7和图7.8所示。

仿真结果表明:采用多孔泡沫金属铁储存磁流变液时,其孔隙内储存的磁流变液内部的磁感应强度最小,而剪切间隙内的磁感应强度则越大;采用多孔泡沫金属铜时,其孔隙内的磁流变液内部的磁感应强度最大,剪切间隙内的磁感应强度最小。

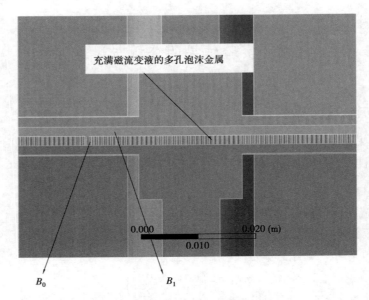

图 7.6　磁流变液内部磁感应强度仿真

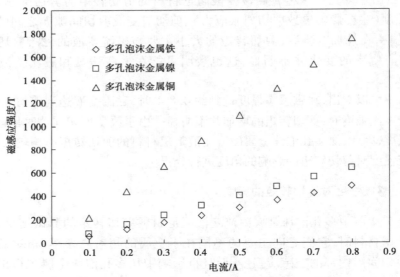

图 7.7　磁流变液内部的磁感应强度仿真(B_0)

7.3.3　磁流变液的体积对剪切转矩的影响

采用图 6.6 的测试装置,对采用不同泡沫金属材料时析出磁流变液的体积进行了初步的实验研究,图 7.9 是在电流为 1 A 时析出磁流变液的效果图。

从图 7.9 中可以看出,相同条件下,在三种多孔泡沫金属磁流变液阻尼材料中,析出的磁流变液的体积大小关系为:多孔泡沫金属铜中大于多孔泡沫金属镍中大于多孔泡沫金属铁中。由于采用多孔泡沫金属铜时析出的磁流变液体积最大,所以,在间隙量为 0.48～1.34 mm 时,采用多孔泡沫金属铜时产生的剪切转矩最大,当间隙超过 0.76 mm 时,采用多孔泡沫金属镍时的剪切转矩与采用多孔泡沫金属铁时接近,这与图 7.4 中得到的实验结果相符合。

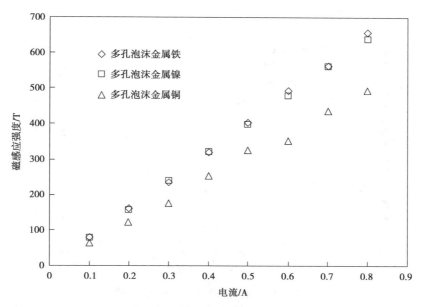

图 7.8　剪切间隙内部的磁感应强度仿真结果(B_1)

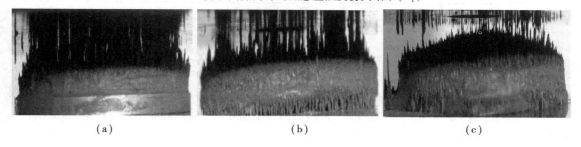

(a)　　　　　　　　　　　　(b)　　　　　　　　　　　　(c)

图 7.9　磁流变液在磁场中上升的体积

(a)多孔泡沫金属铜;(b)多孔泡沫金属铁;(c)多孔泡沫金属镍

　　此外,从图 7.9 的实验中发现,间隙为 0.48 ~ 1.34 mm,多孔泡沫金属的厚度为 1.5 ~ 2 mm 时,外加磁场从多孔泡沫金属中抽出的磁流变液并不能填满多孔泡沫金属与上剪切盘之间的剪切间隙,针对这一现象,利用第 4 章中介绍的测试装置,研究了外加电流对析出的磁流变液体积百分比的影响。

　　实验过程如下:多孔泡沫金属被贴在下剪切盘上以后,将此质量记为 m_1,将磁流变液添加到多孔泡沫金属的表面,利用真空泵将多孔泡沫金属内部全部充满磁流变液,将此质量记为 m_2,其中增加的质量 $m_3 = m_2 - m_1$ 是多孔泡沫金属内部储存的磁流变液的质量。实验结束之后,马上拆开仪器(减少磁流变液返回到多孔泡沫金属内而产生的误差),将多孔泡沫金属表面的磁流变液刮去,测出此时的质量 m_4,如果不考虑流回到多孔泡沫金属中的磁流变液,则 $m_5 = m_2 - m_4$ 是被磁场从多孔泡沫金属内部抽出的磁流变液的质量,m_5/m_3 就是被抽出的磁流变液占所有磁流变液的百分比,据此得到的实验结果如图 7.10 所示。

　　图 7.10 表明,在外加电流(磁场)逐渐增大时,磁场从多孔泡沫金属中抽出磁流变液的体积趋于稳定,也就是说,在外加电流超过某一值时,磁流变液将不会再析出。同时也表明,在该测试条件下,外加电流从磁流变液中抽出的体积最多占所有磁流变液体积的 25%。据此,我们研究了不同体积的磁流变液对剪切转矩的影响。实验的条件和材料如表 7.3 所示。

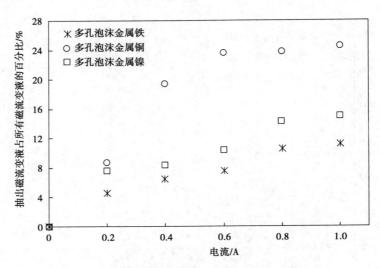

图 7.10　外加电流对磁流变液析出量的影响

表 7.3　剪切转矩测试实验参数

多孔泡沫金属	厚　度	磁流变液	间　隙	剪切应变率/s^{-1}	电流/A
镍、铜、铁	1.6 mm	MRF-122DG	1 mm	53.4	0～1

实验步骤如下:首先将多孔泡沫金属内充满磁流变液,然后用注射器将一定体积的磁流变液注射到多孔泡沫金属和上剪切盘的下表面之间,测试此时的剪切转矩和电流之间的关系,得到的实验结果如图 7.11 和图 7.12 所示。

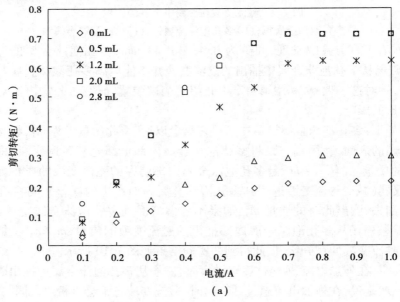

(a)

112

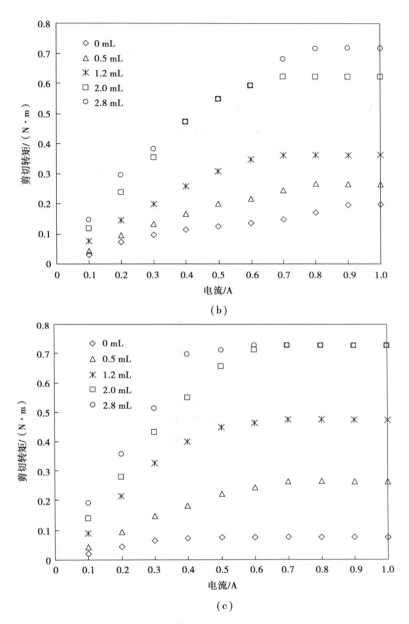

图 7.11　不同体积下,电流对多孔泡沫金属磁流变液阻尼材料剪切转矩的影响
(a)多孔泡沫金属铜;(b)多孔泡沫金属镍;(c)多孔泡沫金属铁

针对添加磁流变液的体积,之前进行了预算,间隙为 1.0 mm 时,约 2.8 mL 的磁流变液即可完全填满间隙。图 7.11 表明:

①添加相同体积的磁流变液,在相同电流下,线圈中的电流超过 0.6 A 时,多孔泡沫金属磁流变液阻尼材料的剪切转矩增加量很小,说明在 0.6 A 左右,磁流变液已达到其剪切屈服应力。

②图 7.11(a)、(c)对比研究表明,在剪切间隙内添加 2 mL 磁流变液,电流超过 0.7 A 时,采用多孔泡沫金属铁和铜产生的剪切转矩均可达到与填满磁流变液时相同,如果忽略测试过

程中间隙误差的影响,可能有部分磁流变液从多孔泡沫金属中被抽到剪切间隙中,图7.11(b)中,采用多孔泡沫金属镍时,两者有一定的差异,这是由系统测试误差和析出磁流变液的体积不同所引起的。

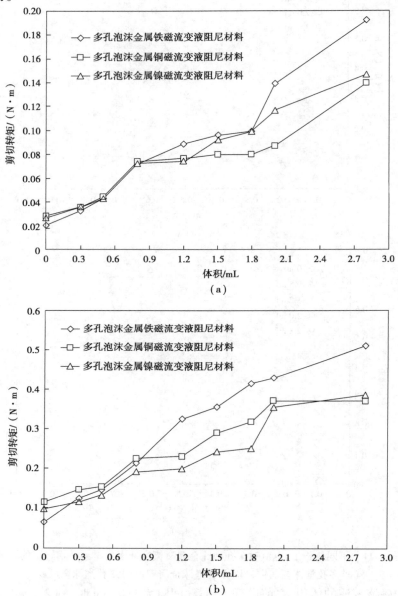

图7.12　一定电流下,体积对多孔泡沫金属磁流变液阻尼材料剪切转矩的影响
(a)体积对剪切转矩的影响(电流为0.1 A);(b)体积对剪切转矩的影响(电流为0.3 A)

③在相同的电流下,在剪切间隙内添加2.8 mL的磁流变液时,采用多孔泡沫金属铜时的阻尼材料剪切转矩增加了3.5倍(以电流为0.5 A时为例,与在表面不添加磁流变液相比);而采用多孔泡沫金属铁时增加了8倍,采用多孔泡沫金属镍时则增加了5倍,这说明在剪切间隙内完全充满磁流变液时与没有添加磁流变液时相比,体积对采用多孔泡沫金属铁的剪切转矩

影响最明显。

图 7.12 表明,在外加电流分别为 0.1 A 和 0.3 A 时,所加的磁流变液体积对多孔泡沫金属磁流变液阻尼材料剪切转矩有明显的影响;在初始状态,采用多孔泡沫金属铁的剪切转矩最小,随着添加体积的增加,其剪切转矩的增加最明显,约在添加 0.8 mL 磁流变液时,三者的剪切转矩较为接近;当添加磁流变液的体积超过 0.8 mL 时,采用多孔泡沫金属铁的剪切转矩最大。

根据图 7.8,在剪切间隙内,采用多孔泡沫金属铁时的磁感应强度最大,随着磁流变液的增加直至填满间隙,此时剪切转矩主要与磁感应强度有关,采用多孔泡沫金属铁时,其剪切间隙内的磁感应强度最大,所以当添加磁流变液的体积超过某一值时(本实验中为 0.8 mL),采用多孔泡沫金属铁的剪切转矩最大。

本文将多孔泡沫金属磁流变液阻尼材料的上表面到上剪切盘的下表面之间的距离作为剪切间隙,如图 6.1 所示,由于多孔泡沫金属磁流变液阻尼材料具有一定的厚度,与传统的剪切式磁流变液阻尼器中剪切间隙的定义相比,等效于增加了剪切间隙,而剪切间隙的变化是影响磁流变液剪切应力的一个重要因素。本书通过在多孔泡沫金属磁流变液阻尼材料的剪切间隙内逐量添加磁流变液,与不加该阻尼材料时在剪切间隙内直接添加磁流变液进行了对比实验研究,其中剪切间隙为 1 mm,外加电流相同的情况下,实验结果如图 7.13 所示。

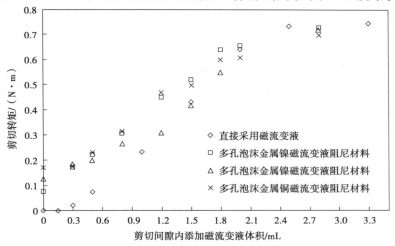

图 7.13 在剪切间隙内添加磁流变液的体积对剪切转矩的影响
(采用多孔泡沫金属磁流变液阻尼材料和直接采用磁流变液的比较)

图 7.13 表明,在相同电流下,由于不加多孔泡沫金属,在剪切间隙内添加的磁流变液体积小于 1.2 mL 时,一直都是 3 种充满磁流变液的多孔泡沫金属所产生的剪切转矩大,当添加的磁流变液体积约为 2 mL 时,几种情况下得到的剪切转矩接近,在添加体积大于 2.8 mL 时,可认为已将剪切间隙填满,采用直接添加磁流变液产生的剪切转矩最大。这主要是由于测试中采用 20#钢的垫片来调整剪切间隙,而 20#钢的相对磁导率大于多孔泡沫金属磁流变液阻尼材料,从而使得剪切间隙内部的磁场强度最大,因此产生了最大剪切转矩。

7.4 本章小结

本章通过实验研究了多孔泡沫金属的种类、剪切间隙、外加电流（磁场强度）以及剪切应变等因素对多孔泡沫金属磁流变液阻尼材料剪切转矩的影响。实验结果表明，在相同条件下，采用多孔泡沫金属铜时能产生的剪切转矩最大；发现析出的磁流变液体积和剪切间隙内部的磁感应强度是影响其剪切转矩的两个主要因素，利用有限元软件研究了多孔泡沫金属磁流变液阻尼材料内部的磁感应强度，研究表明，在采用多孔泡沫金属铜储存磁流变液时，磁流变液内部的磁感应强度最大，根据第 3 章中磁流变液的上升机理，此时析出的磁流变液体积最多，因此多孔泡沫金属铜的剪切转矩最大；通过在多孔泡沫金属磁流变液阻尼材料的表面（剪切间隙内）添加不同体积的磁流变液，从实验上进一步研究了析出磁流变液的体积对剪切转矩的影响。

参考文献

[1] 裴锋,王翠英. 基于 LabVIEW 的虚拟仪器算法解决方案[J]. 自动化仪表,2005,26(8): 62-64.

[2] 刘旭辉. 磁流变液阻尼减震器及其振动控制的研究[D]. 天津:天津理工大学,2005.

[3] 翁建生. 基于磁流变阻尼器的车辆悬架系统半主动控制[D]. 南京:南京航空航天大学,2001.

第8章
多孔泡沫金属磁流变液阻尼材料的动态响应与计算模型

本章研究了多孔泡沫金属磁流变液阻尼材料的动态响应,建立了响应时间的计算模型。响应时间是表征多孔泡沫金属磁流变液阻尼材料性能的重要参数,与传统的剪切式磁流变液阻尼器相比,采用多孔泡沫金属磁流变液阻尼材料时,其响应时间也包括了3个部分,即从线圈通电至产生剪切转矩信号的时间、从产生剪切转矩到剪切转矩为稳态值的63.2%所需的时间以及从线圈通电到剪切转矩达到稳态值所需的时间。本章对上述3个响应时间参数进行了定义说明,通过实验研究了剪切间隙、电流以及多孔泡沫金属材料对它们的影响。本章研究结果表明,在相同条件下,从线圈通电至产生剪切转矩信号这段时间,采用多孔泡沫金属铜时所需的时间最短;多孔泡沫金属磁流变液阻尼材料的动态响应时间与电流有关,可以通过调节线圈内的电流来控制其动态响应。综合研究表明,采用多孔泡沫金属铜时的阻尼材料具有最快的响应时间和最大的剪切转矩,并通过对实验现象和测试结果进行分析,建立了多孔泡沫金属磁流变液阻尼材料响应时间的计算模型,利用建立的计算模型,对多孔泡沫金属磁流变液阻尼材料的动态响应进行了解释。

8.1　实验简介及响应时间的定义

动态响应是多孔泡沫金属磁流变液阻尼材料的一个非常重要的性能指标,它直接决定着其潜在的应用范围、控制频率和控制效果,而由磁流变液的性质可知,影响磁流变液响应时间的因素主要有:①磁流变液母液的粘度。由动力学的知识可知,母液的粘度越大,导致内部磁性颗粒的运动阻力增加,从而会延长响应时间。②固体颗粒的体积。总的来说,颗粒的体积越大,响应时间越短。③外加磁感应强度。外界的磁感应强度越大,颗粒间的作用力也越大,因而移动的加速度也越大,其响应时间就越短。

研究表明,磁流变液的响应时间为数毫秒,本文设计的多孔泡沫金属磁流变液阻尼材料的动态响应时间不仅包括了磁流变液的响应时间,还与多孔泡沫金属的材料、结构设计以及工作方式等有关。国外对常用的磁流变液阻尼器的研究主要集中在磁流变液阻尼器设计、控制方法及系统应用等方面,Spencer 等人对用于高层建筑的大尺寸磁流变液阻尼器的动态响应特性进行了研究,建立了磁流变液阻尼器的参数化动态力学模型,采用电流源驱动,将线圈并联,并增大饱和电压值,得到的响应时间为 0.2 s;哈尔滨工业大学关新春、欧进萍等人通过改变输入电流对响应时间进行测试,得出磁流变液阻尼器响应时间为数百毫秒,远远大于磁流变液的理论响应时间,同时还有研究表明,磁流变液中的气泡也会影响磁流变液阻尼器的响应时间。

根据多孔泡沫金属磁流变液阻尼材料的工作方式,磁流变液首先通过真空处理,完全填满多孔泡沫金属材料的孔隙,在磁场的作用下,克服磁流变液的重力以及粘滞阻力等外力,被抽到多孔泡沫金属材料和上剪切盘之间而产生阻尼。从线圈通电到出现稳定的剪切转矩信号的这段时间,按照其中磁流变液的运动,分为 3 个部分:第一部分为磁流变液被磁场从多孔泡沫金属材料中析出所需的时间,这段时间主要与多孔泡沫金属的结构以及磁场的大小等因素有关。第二段是被抽出的磁流变液到达上剪切盘的时间。由第 3 章中磁流变液的上升机理可知,这段时间主要与外加磁场、剪切间隙以及磁流变液的性能有关。第三段是磁流变液发生磁流变效应的时间,主要与磁流变液的性能以及外界磁场有关。其中,这 3 段时间可能会有部分重合,但是由于有了这 3 个过程,多孔泡沫金属磁流变液阻尼材料的响应时间将会超过结构类似的传统磁流变液阻尼器的响应时间。

国内外在研究磁流变液阻尼器的响应时间时,对响应时间的定义方式有些不同,有的学者将磁流变液阻尼器的动态响应时间定义为从产生阻尼力开始到阻尼力达到稳态阻尼力的 63.2% 所需要的时间,有的学者定义为从产生阻尼力初始到阻尼力达到稳态阻尼力的 95%(或者 90%)所需要的时间。考虑到其影响因素很多,在定义动态响应时间时,本文选择 63.2% 作为参考标准,其中,动态响应时间的测试原理及方法可以参考第 4 章中的相关内容。

以实验中的一次典型的实验数据处理过程来分析和定义本文中多孔泡沫金属磁流变液阻尼材料的动态响应时间参数,其中,以计算机系统的即时时间作为响应时间的参考时间,采集到的实时图形如图 8.1 所示。

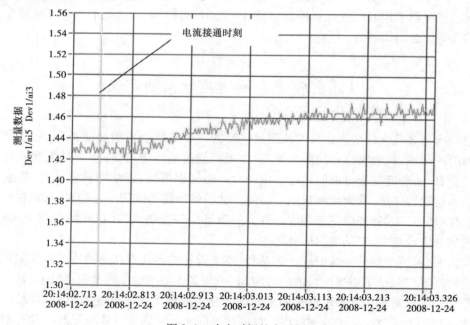

图 8.1　响应时间的实时图

图 8.1 中,横坐标为计算机系统的时间,从中可以看出输出的电压信号变化的时间点,其中竖线为线圈中电流接通的时刻,即为该磁流变液阻尼材料的动态响应时间参考点,纵坐标为力传感器采集到的电压信号,可以转换成力矩信号。

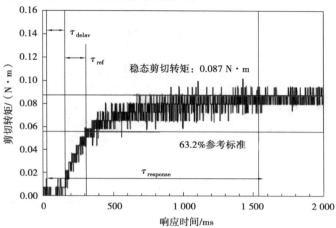

图 8.2　响应时间参数的定义

以图 8.2 来定义多孔泡沫金属磁流变液阻尼材料的响应时间参数。测试中所用材料及参数如下:电机转速为 17 r/min,磁流变液为 MRF-132AD,多孔泡沫金属镍厚度为 1.8 mm,孔隙率为 110 PPI,电流 1.0 A,剪切间隙为 1.2 mm。

多孔泡沫金属磁流变液阻尼材料的动态响应主要用 3 个时间参数来表示,如图 8.2 所示,其中 τ_{delay} 表示从线圈中通电到产生剪切转矩的时间。在此过程中,磁流变液被磁场从多孔泡沫金属材料中抽出,开始填充剪切间隙,直到被检测到出现剪切转矩;τ_{ref} 是从产生剪切转矩到稳态时剪切转矩的 63.2% 所需的时间;$\tau_{response}$ 为从电流接通到剪切转矩达到稳态时所需的时间。从图 8.2 中得知,τ_{delay} 为 100 ms,τ_{ref} 为 140 ms,$\tau_{response}$ 为 1 520 ms。

根据多孔泡沫金属内部磁流变液的运动,在磁流变液被抽到剪切间隙内产生磁流变效应后,撤掉磁场,由于磁流变液及磁路中存在的剩磁作用,有部分磁流变液不会流回多孔泡沫金属内,根据响应时间中 τ_{delay} 的定义,可以通过实验来验证。在初次给线圈通电流后,测试出此时的 τ_{delay}(测试 1)。然后断开电源,5 min 后接着给线圈施加同样大小的电流,得到 τ_{delay}(测试 2)。同理得到 τ_{delay}(测试 3)。重复上述试验,得到的 τ_{delay} 如表 8.1 所示。

表 8.1　两次重复测试的 τ_{delay}

时间参数	第一次实验			第二次实验		
	测试 1	测试 2	测试 3	测试 1	测试 2	测试 3
τ_{delay}/ms	90	48	34	132	76	54

表 8.1 表明,在两次分别的实验中,都出现 τ_{delay} 逐渐减小的现象,这主要是由剪切间隙内存在的部分磁流变液所引起的,也就是部分磁流变液没有流回多孔泡沫金属内。

8.2　多孔泡沫金属磁流变液阻尼材料的响应时间测试

从上述分析可知,多孔泡沫金属磁流变液阻尼材料响应时间与系统的稳定性有关,对上述实验重复进行了7次,得到结果如表8.2所示。

表8.2　响应时间参数的重复性测试结果

参数/ms	测试结果							平均
	第1次	第2次	第3次	第4次	第5次	第6次	第7次	
τ_{delay}	100	100	120	90	100	97	90	99.6
τ_{ref}	130	110	180	130	140	143	134	138.1
$\tau_{response}$	1 740	1 215	1 820	1 410	1 520	1 546	1 518	1 538.4

表8.2表明,响应时间的重复测试结果比较稳定,其中的误差主要来自更换材料时的测试误差。

8.2.1　多孔泡沫金属的材料、剪切间隙对响应时间的影响

上述分析表明,影响多孔泡沫金属磁流变液阻尼材料响应时间的主要因素是磁感应强度的大小,而磁感应强度主要与线圈中的电流、多孔泡沫金属的材料和剪切间隙有关。在本章的研究中,采用的材料如下:①磁流变液为 MRF-132AD;②多孔泡沫金属厚度为 1.6 mm,孔隙率为 110 PPI,剪切应变为 46 s^{-1};③在研究材料、剪切间隙对响应时间的影响时,线圈中的电流恒定,为 1 A;④多孔泡沫金属铁的相对磁导率是 2.55,镍的相对磁导率是 1.5,铜的相对磁导率是 1。

实验中,首先把多孔泡沫金属粘贴在下剪切盘上,然后将多孔泡沫金属内充满磁流变液,按照第4章所讲的方法调试好测试系统,旋转电机,断开时间继电器的开关,先将电源中的电压表调到预先设定的值(可以产生 1 A 的电流),然后接通时间继电器,一定时间后,接通线圈内的电流,由于采用两个通道,通过数据采集系统记录下此刻的时间点,这是线圈内电流的接通时刻,在剪切转矩信号发生时,会出现另外一个时刻信号,根据剪切转矩的变化,按照8.1节中的定义,得到多孔泡沫金属磁流变液阻尼材料的响应时间,如图8.3—图8.5所示。

图8.3表明,在剪切间隙相同的情况下,如果间隙很小,如 0.48 mm,采用 3 种不同的多孔泡沫金属时,其响应时间参数 τ_{delay} 大小接近,随着剪切间隙的增加,τ_{delay} 也增加。从图8.3中也可以看出,采用多孔泡沫金属铜时,响应时间参数 τ_{delay} 比采用多孔泡沫金属铁和镍快。

图8.4表明,由于磁流变液的上升过程是一个动态过程,所以对于时间参数 τ_{ref} 来讲,三者之间的差异并不大。

图8.5表明,对于响应时间参数 $\tau_{response}$,剪切间隙越小,其响应的时间越长,这主要是由于剪切间隙很小时,内部的磁感应强度较大,在剪切转矩未稳定之前,仍然有部分磁流变液被磁场吸出填充到剪切间隙里而产生剪切转矩,所以其持续的时间较长。

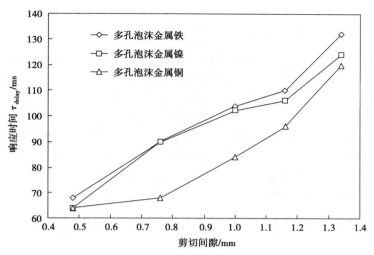

图 8.3　剪切间隙对响应时间参数 τ_{delay} 的影响

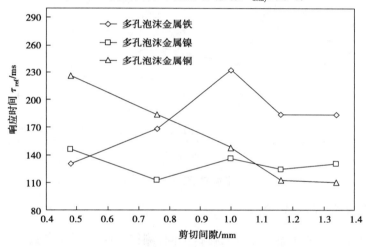

图 8.4　剪切间隙对响应时间参数 τ_{ref} 的影响

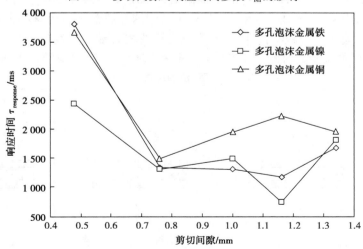

图 8.5　剪切间隙对响应时间参数 τ_{response} 的影响

8.2.2　电流对响应时间的影响

参考文献[11]中对 Lord 公司研制的磁流变液阻尼器动态响应的测试结果表明,外加电流对磁流变液阻尼器的响应时间基本没有影响,然而针对多孔泡沫金属磁流变液阻尼材料,其动态响应过程不仅包括磁流变液自身的响应时间,也包括磁流变液被抽出填充至剪切间隙,产生剪切转矩的这段时间,而这段时间与外加电流的大小有关。

图 8.6 为外加电流对多孔泡沫金属磁流变液阻尼材料的响应时间参数的影响,所用的材料是多孔泡沫金属铁,厚度为 1.6 mm,剪切率为 46 s^{-1},剪切间隙为 1.16 mm。随着电流的增加,其响应时间参数 τ_{delay} 很明显地减小,因此,可以通过调节外加电流的大小来调节多孔泡沫金属磁流变液阻尼材料的动态响应。

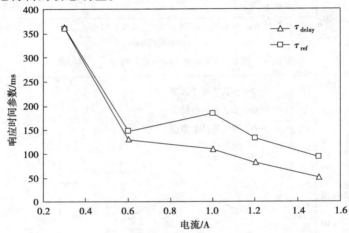

图 8.6　电流对响应时间参数的影响

8.2.3　实验结果分析与讨论

上述结果表明,由于多孔泡沫金属的材料不同,测得的响应时间参数的大小也不同,这主要是由它们之间的相对磁导率所引起的。根据第 3 章中关于相对磁导率的测试,多孔泡沫金属铁中所用材料金属铁的相对磁导率为 14.3,多孔泡沫金属铜中所用材料金属铜的相对磁导率为 4.33,根据磁流变液的磁学特性,可知磁流变液的相对磁导率为 6,因此,针对采用多孔泡沫金属铜和铁储存磁流变液时磁流变液的运动过程进行了分析,如表 8.3 所示。

表 8.3　磁流变液的运动过程分析

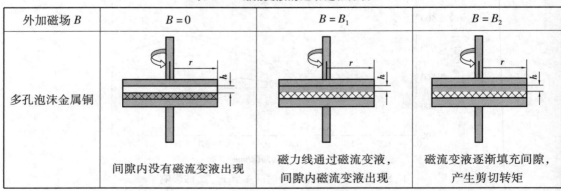

外加磁场 B	$B=0$	$B=B_1$	$B=B_2$
多孔泡沫金属铜	间隙内没有磁流变液出现	磁力线通过磁流变液,间隙内磁流变液出现	磁流变液逐渐填充间隙,产生剪切转矩

续表

外加磁场 B	$B = 0$	$B = B_1$	$B = B_2$
多孔泡沫金属铁	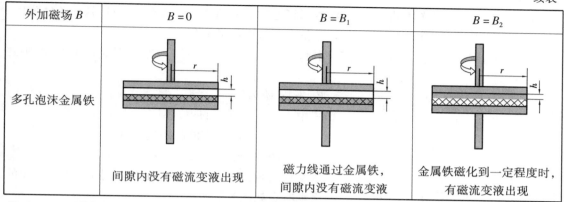		
	间隙内没有磁流变液出现	磁力线通过金属铁，间隙内没有磁流变液	金属铁磁化到一定程度时，有磁流变液出现

注: $B_1 < B_2$，两者均为磁流变液运动状态发生变化时的某一临界值。

根据磁阻最小原理，即磁力线优先通过相对磁导率大的导磁材料这一现象，由于多孔泡沫金属铜的相对磁导率小于磁流变液，因此，在外界磁感应强度达到临界值 B_1 时，多孔泡沫金属铜内的磁流变液首先析出，然后填充至剪切间隙，产生磁流变效应，而多孔泡沫金属铁中金属铁的相对磁导率大于磁流变液，所以磁力线首先通过金属铁，在外界磁感应强度为 B_1 时，剪切间隙内仍然没有出现磁流变液，直到外界磁感应强度达到另一临界值 B_2，此时金属铁被磁化到一定程度，才有磁流变液析出，因此，采用多孔泡沫金属铜时的响应时间参数 τ_{delay} 小于采用多孔泡沫金属铁时。

此外，8.3 节中关于磁感应强度的分析表明，采用多孔泡沫金属铜时，磁流变液内部的磁感应强度要大于采用多孔泡沫金属铁时，在其他条件相同的情况下，多孔泡沫金属磁流变液阻尼材料的响应时间 τ_{delay} 主要与磁流变液内部的磁感应强度有关。这也说明，采用多孔泡沫金属铜时的响应时间参数 τ_{delay} 比采用多孔泡沫金属铁时的小。

8.3   响应时间的计算模型

在磁流变液从多孔泡沫金属材料中析出到产生磁流变效应的过程中，根据磁流变液的上升机理，其主要受如下的力的作用：①磁场力（这是磁流变液上升的主要外力）、磁流变液的重力；②磁流变液的表面张力、范德华力和其他分子间的作用力。针对磁流变液在上升过程中的实际情况，除了外界的磁场作用力以外，其表面张力和重力对磁流变液上升的运动状态影响最大，在实际模型中，可以忽略流体的极性、孔隙的粗糙度、气泡、范德华力的影响。

表面张力是分子力的一种表现，它是由表面层的液体分子处于特殊情况决定的。这种表面层中任何两部分之间的相互牵引力促使液体表面层具有收缩的趋势，因此表面张力引起表面压差，使液面在孔中流动一定距离，而且从第 2 章中的分析可知，孔的直径越小，其表面压差就越大，液体在孔内上升的高度就越大。表面张力 F 的表达式可写成

$$F = \sigma L$$

式中 σ——表面张力系数；

L——接触界面线的长度。

此外,在外加磁场作用的情况下,沿着磁场方向的表面张力系数有变化,以铁磁流体为例,在外界磁场强度增加 10 倍的情况下,表面张力系数增加了不到 10%。

磁场力是外磁场施加给磁流变液所引起的,忽略磁场所引起的磁流变液密度的变化,则磁场力表示为[21]

$$F_m = \mu_0 M \nabla H \tag{8.1}$$

式中　μ_0——真空的磁导率;

M——磁流变液的磁化强度;

H——磁流变液中的磁场强度。

针对析出的磁流变液,在某一时刻,磁流变液的流动状态如图 8.7 所示。

图 8.7 中,Q_a 为析出的磁流变液的体积,Q_b 为留在多孔泡沫金属孔隙内的磁流变液的体积。根据参考文献[22-23],在某一高度 h 时,针对 Q_a 部分,磁流变液动力学方程为

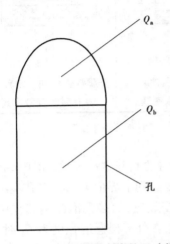

图 8.7　某一时刻磁流变液的运动状态

$$V\rho \frac{\mathrm{d}v}{\mathrm{d}t} = \left[\mu_0 \int_0^H M\mathrm{d}h + \frac{1}{2}\mu_0 M^2 \right]S_p - V\rho g - \sigma K(h)S_p \tag{8.2}$$

式中　V——上升的磁流变液体积;

ρ——磁流变液的密度;

v——磁流变液运动的速度;

M——高度为 h 时磁流变液的磁化强度;

S_p——多孔泡沫金属单个孔隙的面积;

$K(h)$——高度为 h 时磁流变液表面形貌的曲率;

σ——磁流变液的表面张力系数。

根据第 3 章中的研究,在磁流变液上升时,所选磁流变液的外形为椭圆形,可以得到此时磁流变液的体积和曲率等参数的表达式分别为

$$V = \frac{2}{3}\pi r^2 h$$

$$K(h) = \frac{h}{r^2}$$

$$S_p = \pi r^2$$

其中 r 是多孔泡沫金属单个孔的半径。代入式(6.2)中,得

$$\frac{2}{3}\pi r^2 h \cdot \rho \frac{\mathrm{d}v}{\mathrm{d}t} = \left[\mu_0 \int_0^H M\mathrm{d}h + \frac{1}{2}\mu_0 M^2 \right] \cdot \pi r^2 - \frac{2}{3}\pi r^2 h\rho g - \sigma \frac{h}{r^2}\pi r^2 \tag{8.3}$$

式(8.3)化简可得

$$\frac{\mathrm{d}v}{\mathrm{d}t} = \frac{6\mu_0 \int_0^H M\mathrm{d}h + 3\mu_0 M^2}{4\rho h} - g - \frac{3\sigma}{2\rho r^2} \tag{8.4}$$

磁流变液被抽到剪切间隙中后,与磁流变液接触的是空气,磁流变液的粘滞阻力可以忽

略。磁场力主要与外界的磁感应强度大小有关,表面张力主要与磁流变液的表面张力系数及多孔泡沫金属材料的孔径有关,计算时采用的重力主要与析出的磁流变液的体积有关。针对一定特性的磁流变液,可以将式(8.4)改写为

$$\frac{\mathrm{d}v}{\mathrm{d}t} = \frac{C_1}{h} - C_2 \tag{8.5}$$

其中

$$C_1 = \frac{6\mu_0 \int_0^H M\mathrm{d}h + 3\mu_0 M^2}{4\rho} \tag{8.6}$$

$$C_2 = g + \frac{3\sigma}{2\rho r^2} \tag{8.7}$$

从式(8.5)可以看出,在外加电流一定的情况下,C_1 和 C_2 为常数,因此,磁流变液上升的加速度只与磁流变液的上升高度有关,随着磁流变液的上升,其加速度和速度随时间的变化趋势近似如图8.8 和图8.9 所示。

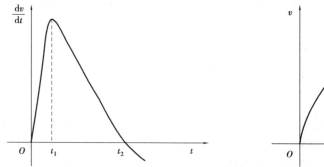 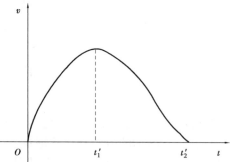

图 8.8　磁流变液上升时的加速度随时间的变化趋势　图 8.9　磁流变液上升时的速度随时间的变化趋势

由于设计施加的电流较大,通电后多孔泡沫金属孔隙内的磁流变液被完全磁化,此时可以将磁流变液的磁场力作为一定值,在施加电流的瞬间,如图8.8 所示,由于磁流变液没有上升高度,所以此时磁流变液上升的加速度在 t_1 时刻(瞬时)达到最大,而随着高度的增加,磁流变液上升的加速度开始减小,在 t_2 时刻,即 $C_1 = hC_2$ 时,磁流变液上升的加速度为零。磁流变液开始上升后,由于在上升的起初阶段,加速度和速度的方向一致,因此磁流变液上升的速度会逐渐变大,在磁流变液运动的加速度为零时,速度达到最大,如图8.9 中的 t_1' 时刻。在加速度为负值时,磁流变液开始减速上升,直到上升到某一位置时保持静止,该时刻为图8.9 中的 t_2' 时刻,此位置即为前面所研究的磁流变液上升的高度。

将式(8.5)进行变形,得

$$\frac{\mathrm{d}^2 h}{\mathrm{d}t^2} - \frac{C_1}{h} = -C_2 \tag{8.8}$$

式(8.8)中的二阶微分方程即表示磁流变液的上升高度与上升时间的关系,利用边界条件

$$t = 0, h = 0$$

$$\left.\frac{\mathrm{d}h}{\mathrm{d}t}\right|_{t=t_1} = 0$$

通过求解方程式(8.8),可以得到磁流变液的上升高度与上升时间的关系。从磁流变液的运

动过程来分析,在施加电流后,随着磁流变液的上升,剪切间隙内析出的磁流变液的体积一直在增加。当磁流变液上升的速度为零时,磁流变液体积达到一个定值,该定值的大小直接与磁流变液上升的高度有关。根据此前的分析,磁流变液上升的高度除了与磁流变液的特性有关以外,还与其内部的磁场强度以及多孔材料的结构参数有关,因此,析出磁流变液的体积也主要由上述因素决定。

根据上述分析得知,初始状态下,磁流变液在多孔泡沫金属中保持静止状态,根据储存在多孔泡沫金属中磁流变液所受力的方向进行如下的表示:

$$F_\text{上} = f(H) \tag{8.9}$$
$$F_\text{下} = f(G) + f(\eta) + f(\sigma) \tag{8.10}$$

式(8.9)中,向上的力 $F_\text{上}$ 与磁流变液内部的磁场强度有关;式(8.10)中,向下的力 $F_\text{下}$ 与析出磁流变液的重力 $f(G)$、粘滞阻力 $f(\eta)$ 和表面张力 $f(\sigma)$ 等有关。当线圈中的电流加大时,磁流变液内部的磁场强度也增加,产生的磁场力在很短的时间内迅速增大,也就是 $F_\text{上}$ 增大。当 $F_\text{上}$ 大于其他几个力的合力 $F_\text{下}$ 时,磁流变液将会被抽出,填充间隙产生磁流变效应,也就是说,只有外界磁场产生的磁场力大于重力、粘滞阻力以及表面张力的合力时,磁流变液才有可能从多孔泡沫金属内析出。

8.4　本章小结

多孔泡沫金属磁流变液阻尼材料动态响应性能不仅与磁流变液自身的响应时间有关,而且与剪切间隙、施加的电流和多孔泡沫金属的材料等有关。本文采用了3个参数来描述多孔泡沫金属磁流变液阻尼材料的响应时间,即从线圈通电至产生剪切转矩的时间、从产生剪切转矩到剪切转矩为稳态值的63.2%所需的时间以及从通电到达到稳态值所需的时间。首先对上述3个参数进行了定义说明,通过实验研究了剪切间隙、电流以及多孔泡沫金属的材料等参数对它们的影响。研究表明:相同条件下从线圈通电至产生剪切转矩,采用多孔泡沫金属铜时所需的时间最短;多孔泡沫金属磁流变液阻尼材料的响应时间与外加电流有关,可以通过调节线圈内的电流来控制其动态响应;综合分析剪切转矩的测试可知,采用多孔泡沫金属铜时的阻尼材料具有最大的剪切转矩和最快的响应时间;建立了多孔泡沫金属磁流变液阻尼材料响应时间的计算模型,采用该模型对多孔泡沫金属磁流变液阻尼材料的响应时间进行了解释,为实验结果提供了理论依据。

参考文献

[1] Yang G, Ramallo J C, Spencer J. Dynamic Performance of Large scales MR Fluid Dampers [C]. Proceedings of 14th ASCE Engineering Mechanics Conference. Austin: Texas, 2000.

[2] G Yang, B F Spencer. Phenomenological Model of Large-scale MR Damper Systems[J]. Advances in Building Technology, 2002(1): 545-552.

[3] 关新春,欧进萍. 磁流变减振驱动器的响应时间试验与分析[J]. 地震工程与工程振动,

2002(6):96-102.

［4］Koyanagi K I, Terada T. Time response model of ER fluids for precision control of motors［J］. Journal of Intelligent Material Systems and Structures, 2010, 21(15): 1517-1522.

［5］Changsheng Zhu. The response time of a rotor system with a Disk-type magnetorheological fluid damper［J］. International Journal of Modern Physics B, 2006, 19(7): 1506-1512.

［6］黄曦,余淼,陈爱军. 磁流变液阻尼器动态响应及其影响因素分析［J］. 功能材料,2006 (5): 808-811.

［7］Naoyuki Takesue, Junji Furusho, Yuuki Kiyota. Analytic and Experimental Study on Fast Response MR-Fluid Actuator［C］. Proceedings of the 2003 IEEE international Conference on Robotics & Automation, Taipei, Taiwan, 2003(9):14-19.

［8］Naoyuki Takesue, Junji Furusho, Yuuki Kiyota. Fast Response MR-Fluid Actuator［J］. JSME International Journal Series C,2004,47(3): 206-210.

［9］Naoyuki Takesue, Junji Furusho, Masamichi Sakaguchi. Improvement of Response Properties of MR-Fluid Actuator by Torque Feedback Control［C］. Proceedings of the 2001 IEEE International Conference on Robotics Automation, Seoul, Korea, 2001.

［10］朱伟,马履中,谢俊徐,等. 磁流变阻尼器设计及实时控制研究［J］. 机械设计与制造,2007 (11):138-141.

［11］Goncalves F D, Ahmadian M. An Investigation of the Response Time of MR fluid dampers ［C］. Proceedings of SPIE 2004 Smart Structures and materials, 2004.

［12］V Bashtovoi, P Kuzhir, A. Reks. Capillary ascension of magnetic fluids［J］. Journal of Magnetism and Magnetic Materials, 2002(252): 265-267.

［13］任明星,李邦盛,杨闯,等. 微尺度型腔内液态金属流动规律模拟研究［J］. 物理学报,2008 (8):5063-5011.

［14］宋静. 微通道内气-液两相流动特性研究［J］. 青岛科技大学学报:自然科学版,2006,27 (4):299-303.

［15］谢刚. 毛细管束流变模型内壁粘附力的测量及影响因素研究［J］. 黑龙江大学学报,2005, 22(1):53-57.

［16］A. G. Kostornov. Capillary Transport of Low-Viscosity Liquids in Porous Metallic Materials under the Action of Gravitational Force［J］. Powder Metallurgy and Metal Ceramics, 2003(42): 9-10.

［17］凌智勇,丁建宁,杨继昌,等. 微流动的研究现状及影响因素［J］. 江苏大学学报,2002,23 (6):1-5.

［18］李勇,江小宁,周兆英,等. 微管道流体的流动特性［J］. 中国机械工程,1994,5(3):23-27.

［19］陶然,权晓波,徐建中. 微尺度流动研究中的几个问题［J］. 工热物理学报,2001,22(5): 576-580.

［20］邹茜,沈瀛生,赵弋洋,等. 铁磁流体表面张力的测试［J］. 清华大学学报,2000,40(5): 73-75.

［21］Gollwitzer C, Matthies G. The surface topography of a magnetic fluid: a quantitative comparison between experiment and numerical simulation［J］. J. of Fluid Mech, 2007(571):

455-474.

[22] Liu X H, Wong P L, Wang W, et al. Modelling of the B-field effect on the free surface of magnetorheological fluids [C]//Journal of Physics: Conference Series. IOP Publishing, 2009, 149(1): 1-5.

[23] Adrian Lange, Heinz Langer, Andreas Engel. Dynamics of a single peak of the Rosensweig instability in a magnetic fluid[J]. Physica D, 2000(140): 294-305.

[24] Marcelo Lago, Mariela Araujo. Capillary Rise in Porous Media[J]. Journal of Colloid and Interface Science, 2001(234): 35-43.

第**9**章

多孔泡沫金属磁流变液阻尼器的结构设计及测试系统

基于磁流变液在多孔泡沫金属中的流动模拟及磁流变液法向应力研究,利用多孔泡沫金属储存磁流变液的思想,本章研制了一种多孔泡沫金属磁流变液阻尼器。首先,对其结构和工作原理进行了分析;然后在对磁阻进行计算之后,利用有限元仿真软件进行了磁场仿真;最后搭建了一套用于该磁流变液阻尼器性能测试的装置,并进行了软硬件调试。

9.1　多孔泡沫金属磁流变液阻尼器设计

9.1.1　多孔泡沫金属磁流变液阻尼器的结构原理

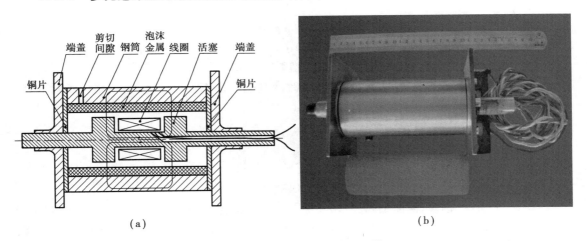

图 9.1　泡沫金属磁流变液阻尼器
(a)结构设计图;(b)实物图

表 9.1　泡沫金属磁流变液阻尼器主要参数

最大行程/mm	线圈数目	线圈匝数	剪切间隙/mm	钢筒内径/mm	活塞有效长度/mm
±60	1	1 635	1	44	90

图9.1(a)所示为多孔泡沫金属磁流变液阻尼器的整体结构。阻尼器是由端盖、黄铜、钢筒、活塞杆及活塞、线圈等组成的双出杆式对称结构,并采用环氧树脂对线圈进行密封。活塞、剪切间隙、泡沫金属及钢筒组成磁场回路。其中,两端盖与钢筒之间各用一个 2 mm 的黄铜隔磁。充满磁流变液的多孔泡沫金属紧贴在阻尼器钢筒内壁。钢筒上开有一螺纹小孔,以填充磁流变液。实物图如图9.1(b)所示。相关结构参数见表9.1。

9.1.2　泡沫金属磁流变液阻尼器的工作原理

基于剪切式的多孔泡沫金属磁流变液阻尼器工作原理如下:如图9.2(a)所示,线圈中没有通入电流时,在重力及毛细管力的作用下,磁流变液储存在泡沫金属中;而一旦施加磁场后,磁场力克服重力、毛细管力及其他阻力,将储存在泡沫金属中的磁流变液抽到剪切间隙中,产生阻碍活塞运动的阻尼力,如图9.2(b)所示。而且被抽出的磁流变液还能够重新流回泡沫金属中循环使用,无须任何密封装置,结构简单。调节励磁线圈中的电流,可以改变多孔泡沫金属及剪切间隙内部的磁场强度,从而使磁流变液的粘度发生变化,进而控制阻尼力。

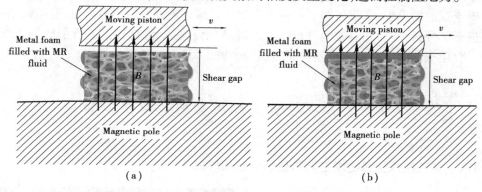

图9.2　泡沫金属磁流变液阻尼器的工作原理
(a)$B=0$;(b)$B\neq0$

考虑到阻尼器的结构刚度、磁路特性及制作成本等综合因素,阻尼器的端盖和活塞均采用20#低碳钢,20#低碳钢的综合性能较好,而且改变其磁导率不需要热处理,价格也相对合理。根据强度的需求,端盖采用45#钢。

9.2　磁阻计算

如图9.1所示,钢筒、泡沫金属、剪切间隙及活塞构成磁路。磁力线从活塞中心轴到达活塞一端的侧翼,然后穿过活塞与泡沫金属间的空气间隙,穿过紧贴工作缸筒内壁的泡沫金属,到达缸筒外壳。为了研究电流与剪切间隙中磁感应强度的关系,要分别计算活塞、剪切间隙、泡沫金属和工作缸筒中的磁阻。需特别注意的是,泡沫金属中是充满磁流变液的,因此,需计算其等效磁阻。剪切间隙近似当作空气带处理。

图9.3所示为简化的磁路结构,其中,活塞直径为38 mm,活塞杆直径为16 mm,剪切间隙为1 mm,多孔泡沫金属厚度为2 mm,缸筒厚度为10 mm,活塞有效长度为20 mm,活塞凹槽直径为50 mm。其中,μ_{r5}是充满磁流变液的泡沫金属的等效相对磁导率。各部分磁阻计算

如下：

磁芯部分的磁阻 R_{m1}：

$$R_{m1} = \frac{4L_1}{\pi\mu_1 d^2} = \frac{4L_1}{\pi\mu_0\mu_{r1} d^2} \tag{9.1}$$

活塞头部分的磁阻 R_{m2}：

$$R_{m2} = \frac{\ln(L_1 + L_2)}{2\pi\mu_2 L_2} = \frac{\ln(L_1 + L_2)}{2\pi\mu_0\mu_{r2} L_2} \tag{9.2}$$

缸筒部分磁阻 R_{m3}：

$$R_{m3} = \frac{4(L_1 + L_2)}{\pi\mu_3(D_3^2 - D_2^2)} = \frac{4(L_1 + L_2)}{\pi\mu_0\mu_{r3}(D_3^2 - D_2^2)} \tag{9.3}$$

剪切间隙部分磁阻 R_{mg}：

$$R_{mg} = \frac{L_g}{\mu_4 A_g} = \frac{L_g}{\mu_0\mu_{r4} A_g} \tag{9.4}$$

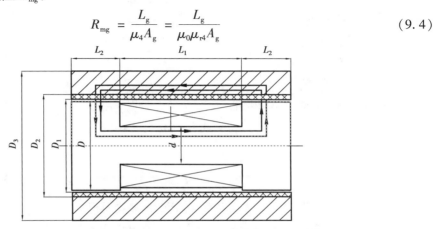

图 9.3　多孔泡沫金属磁流变液阻尼器磁路结构简图

为了研究磁流变液阻尼器内部的磁场，首先需要研究充满磁流变液后的泡沫金属的等效磁阻，图 9.4 所示为等效模型。其中，R_1 和 R_2 为钢筒的磁阻，R_a，R_g，R_f，R_{mf} 分别为空气、间隙、充满泡沫金属的磁流变液及磁流变液的磁阻。

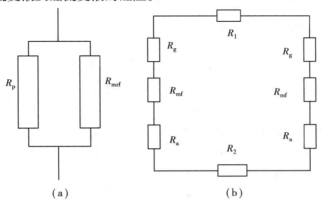

（a）　　　　　　　　　　　　（b）

图 9.4　多孔泡沫金属磁流变液阻尼器等效磁阻模型
（a）等效磁阻；（b）磁路磁阻模型

磁路中总磁阻为:

$$R = R_1 + R_2 + 2R_g + 2R_{mf} + 2R_a \tag{9.5}$$

由于磁流变液的磁阻与多孔泡沫金属的磁阻为并联关系,从而有:

$$\frac{1}{R_{mf}} = \frac{1}{R_p} + \frac{1}{R_{mrf}} \tag{9.6}$$

式中 R_{mf}——充满磁流变液的泡沫金属的等效磁阻;

R_p——多孔泡沫金属的磁阻;

R_{mrf}——磁流变液的磁阻。

磁阻的一般计算公式为:

$$R_m = \frac{l}{\mu_r \mu_0 A} \tag{9.7}$$

式中 l——磁路长度;

μ_r——相对磁导率;

μ_0——真空磁导率;

A——磁路的截面积。

将式(9.7)代入式(9.6)得到:

$$\mu_{r5}A_{mf} = \mu_{mf}A_f + \mu_{mrf}A_{MR} \tag{9.8}$$

于是

$$\mu_{r5} = \mu_{rp}\frac{A_p}{A_{mf}} + \mu_{rmrf}\frac{A_{mrf}}{A_{mf}} = \mu_{rp}S_m + \mu_{mrf}S_{mrf} \tag{9.9}$$

式中 S_m, S_{mrf}——分别为泡沫金属和磁流变液的有效面积。

多孔泡沫金属铜的孔隙率为85%,带入式(9.9),得到$\mu_{r5} = 3.55$;对于泡沫金属镍,其孔隙率为95%,从而$\mu_{r5} = 4.015$。

充满磁流变液的泡沫金属铜的磁阻为

$$R_{mf} = \frac{L_f}{\mu_5 A_f} = \frac{L_f}{\mu_{r5}\mu_0 A_f} = 1.622 \times 10^5 (A/Wb) \tag{9.10}$$

充满磁流变液的泡沫金属镍的磁阻为

$$R_{mf} = \frac{L_f}{\mu_5 A_f} = \frac{L_f}{\mu_{r5}\mu_0 A_f} = 1.434 \times 10^5 (A/Wb) \tag{9.11}$$

从而得到多孔泡沫金属铜磁流变液阻尼器的总磁阻为

$$R_m = R_{m1} + 2R_{m2} + R_{m3} + 2R_{mg} + 2R_{mf} = 1.159 \times 10^6 (A/Wb) \tag{9.12}$$

多孔泡沫金属镍磁流变液阻尼器的总磁阻为

$$R_m = R_{m1} + 2R_{m2} + R_{m3} + 2R_{mg} + 2R_{mf} = 1.121 \times 10^6 (A/Wb) \tag{9.13}$$

根据磁路欧姆定律可得

$$\phi R_m = NI$$

式中 A——磁路的有效面积2.388×10^{-3} m^2;

N——线圈匝数,$N = 1\ 635$。

对于泡沫金属铜磁流变液阻尼器,电流与间隙中的磁感应强度有如下关系:

$$B = \frac{NI}{R_mA} = \frac{1\ 635I}{1.\ 159 \times 10^6 \times 2.\ 388 \times 10^{-3}} = 0.\ 591I \qquad (9.\ 14)$$

对于泡沫金属镍磁流变液阻尼器,电流与间隙中的磁感应强度有如下关系:

$$B = \frac{NI}{R_mA} = \frac{1\ 635I}{1.\ 121 \times 10^6 \times 2.\ 388 \times 10^{-3}} = 0.\ 611I \qquad (9.\ 15)$$

9.3　多孔泡沫金属磁流变液阻尼器磁场仿真

　　为了比较泡沫金属材料对磁流变液阻尼器性能的影响,本节应用 ANSYS 软件对传统磁流变液阻尼器和泡沫金属磁流变液阻尼器分别进行磁场仿真。同时还研究了不同激励电流和工作间隙对磁感应强度的影响,并分析了泡沫金属材料与磁感应强度的关系。为简化模型,假设磁流变液从泡沫金属中抽出后进入剪切间隙里,在线圈与剪切间隙间留有 1 mm 的气隙。其中 20#钢的相对磁导率为 1 200,铜的相对磁导率为 1,镍的相对磁导率为 4.33。磁流变液的磁特性如图 3.7 所示。因磁流变液的磁导率为非线性变化,仿真时用 *B-H* 曲线进行定义。

9.3.1　模拟仿真结果

　　以间隙为 1 mm 的泡沫金属镍磁流变液阻尼器通入 2.0 A 激励电流为例,忽略漏磁,得到的磁场分布如图 9.5 和图 9.6 所示。泡沫金属磁流变液阻尼器内部的磁力线分布如图 9.5 所示,除了铁芯与线圈及钢筒之间有少量磁损耗外,磁力线分布均匀,能够通过外部电流控制磁场。磁感应强度分布的矢量图如图 9.7 所示。

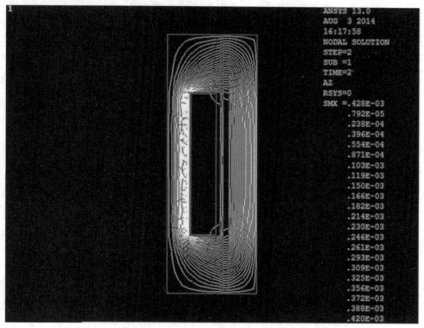

图 9.5　磁力线分布

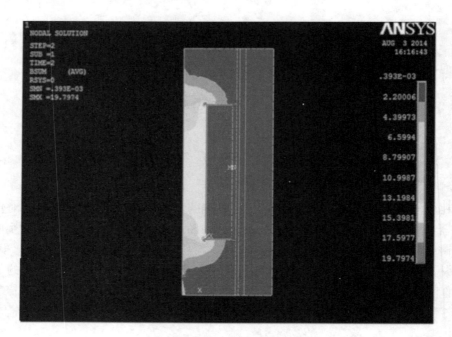

图 9.6　磁感应强度云图

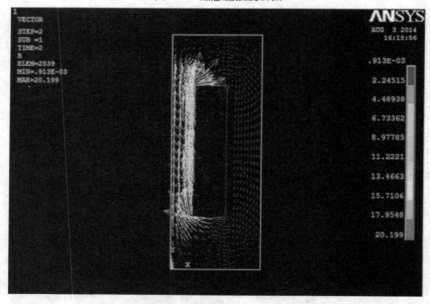

图 9.7　磁感应强度矢量图

9.3.2　电流对磁感应强度的影响

研究励磁电流对磁感应强度的影响,相关参数设置如下:剪切间隙为 1,1.5,2 mm;电流为 0.02,0.04,0.08,0.1,0.5,1,1.5,2 A;泡沫金属材料为泡沫铜、泡沫镍。

以间隙为 1 mm 的泡沫金属铜磁流变液阻尼器为例研究电流对间隙中磁感应强度的影响,如图 9.8 所示,当激励电流在 0 ~ 0.5 A 的区间时,随着电流的增加,间隙中的磁感应强度几乎呈线性增长;而当电流在 0.5 ~ 1.5 A 的区间时,随着电流的增加,间隙中磁感应强度的增加量相对小很多;当电流达到 1.5 A 时,随着电流的增加,磁感应强度几乎不再增加,剪切间隙中的磁感应强度达到磁饱和。

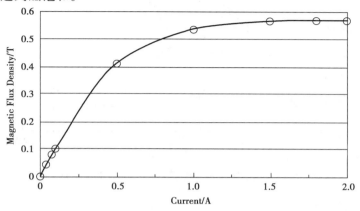

图 9.8　电流对间隙中磁感应强度的影响

对不同工作间隙中电流对磁感应强度的影响进行了比较,如图 9.9 所示,在恒定电流作用下,剪切间隙越大,磁感应强度越小;对于同一剪切间隙,磁感应强度随着电流的增加而增大,直至磁流变液达到饱和,磁感应强度趋于一稳定值。

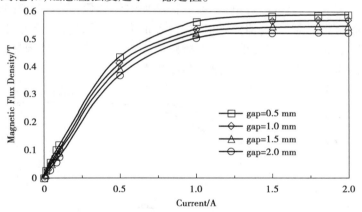

图 9.9　间隙对磁感应强度的影响

9.3.3　不同材料内部磁感应强度的分布

为了研究泡沫金属材料对磁感应强度的影响,对不同工作间隙下的泡沫金属铜和泡沫金属镍磁流变液阻尼器分别通入一组激励电流进行仿真分析。以间隙宽度为 1 mm 的两种磁流变液阻尼器为例,对比两种材料下电流对磁感应强度的影响。

由图 9.10 可知,对于泡沫金属铜和泡沫金属镍,间隙中的磁感应强度随电流的变化趋势基本一致,且同一电流下,由 $R_m = l/\mu s$ 和 $B = NI/A_p R_m$ 可知,磁感应强度与磁导率正相关,由于泡沫金属镍的磁导率比泡沫金属铜大,因此,相同条件下,泡沫金属镍磁流变液阻尼器对应的磁感应强度比泡沫金属铜的大。同时,根据图 9.10 还发现,采用两种泡沫金属材料的磁感应强度区别不大,这主要是因为两种泡沫金属材料的磁导率差异较小。

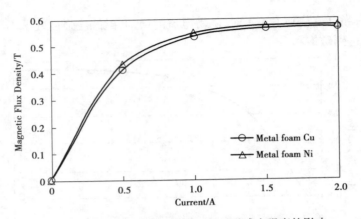

图 9.10　剪切间隙中泡沫金属材料对磁感应强度的影响

9.3.4　有无泡沫金属对磁场的影响

比较泡沫金属材料对阻尼器性能的变化,对传统泡沫金属磁流变液阻尼器和泡沫金属铜磁流变液阻尼器进行磁场仿真。相关参数如下:剪切间隙为 1,1.5,2 mm;电流为 0.5,1,1.5,2 A。

以间隙为 1 mm 为例,比较泡沫金属铜磁流变液阻尼器剪切间隙中的磁感应强度与激励电流变化的关系。从图 9.11 可以看出,不论是否添加泡沫金属,磁流变液阻尼器的磁感应强度随着电流的变化趋势基本一致;但同一电流下,添加泡沫金属后,磁流变液阻尼器中的磁感应强度比不含泡沫金属的磁流变液阻尼器的磁感应强度大。这主要是因为添加泡沫金属后,相当于磁阻并联,从而磁路中磁阻变小,磁场强度变大。

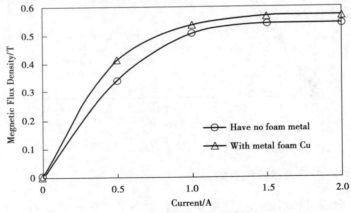

图 9.11　有无泡沫金属时电流对磁感应强度的影响

9.4　性能测试系统

9.4.1　系统工作原理

测试系统的主要功能是对阻尼器的力学性能及响应时间进行实验研究,实验原理如图

9.12所示。实验过程中采用两个通道来记录信号,其中一个用来记录泡沫金属磁流变液阻尼器产生的阻尼力信号和响应时间信号,主要包括力传感器及系统运行时间。另外一个通道作为参考信号,是系统的运行时间,该参考信号的作用主要是:①消除系统中由于摩擦、重力等因素造成的零场信号,以便得到准确的磁致阻尼力;②指示磁流变液从泡沫金属中抽出至剪切间隙开始产生剪切阻尼力的时刻,方便对响应时间的研究。其中,力信号采用 NS-WL1 型拉压力传感器(购于上海天沐自动化仪表有限公司),量程为 ± 50 kg,非线性误差小于 0.3%。传感器出厂标定为拉正压负信号,同时,与其配套的还有与该传感器一同标定的放大器,其电压信号与力信号的关系如图 9.13 所示。

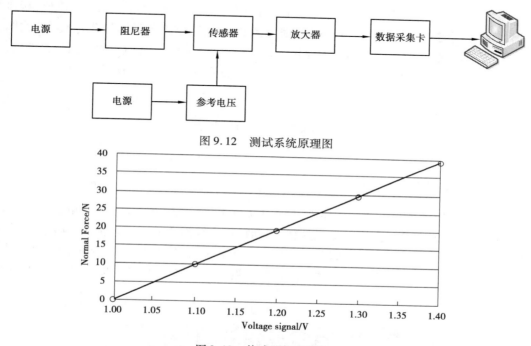

图 9.12　测试系统原理图

图 9.13　传感器信号标定

实验采用基于 USB 总线的 MPS-010602 型采集卡,该采集卡具有 16 路单端模拟信号采集、4 路模拟信号输出、8 路数字信号输入/输出、2 路比较器、2 路计数器及 2 路 PWM 输出,模拟输出范围为 0 ~ 2.5 V。使用该采集卡可以将传感器采集到的信号和控制器与计算机完美结合在一起,利用计算机强大的数据处理能力和灵活的软件编程方式,对传感器采集到的信号进行分析、处理、显示与记录,从而用低廉的成本取代多种价格昂贵的专用仪器。

实验所用步进电机信号为 YJ01 型步进电机,附带步进电机控制器。步进电机步数与转速关系为 400 步/转,因步进电机转速输出接又一级 5 倍的降速齿轮,实际输出 2 000 步/转,可调步数范围为 1 ~ 39 999(脉冲/秒)。传动导轨将步进电机的转动转化为导轨滑板的直线运动,传动比为 1 cm/转。

9.4.2　前期准备

实验前,首先将泡沫金属紧贴在阻尼器工作缸内壁,用玻璃棒将磁流变液导入泡沫金属内,在观察泡沫金属中磁流变液渗透状态的同时转动阻尼器,以便磁流变液充分渗入泡沫金属中。当观察到泡沫金属表面有明显残余磁流变液时,即认为泡沫金属已经被磁流变液完全渗透,然后再用玻璃棒将泡沫金属表面残余的磁流变液引流至烧杯中。实验前计算得到充分渗入泡沫金属的磁流变液的体积约为 30 mL,约为传统磁流变液阻尼器中需充满磁流变液的三分之一。这里采用质量差的方法确定磁流变液是否充满泡沫金属,首先用电子秤称出烧杯和磁流变液的总质量,待磁流变液完全渗入泡沫金属后,再次称出烧杯中磁流变液的质量,并由此计算出试验中所需磁流变液的体积量。

待泡沫金属中完全充满磁流变液后,装配阻尼器并将其安装在丝杠导轨上,用水平仪调整阻尼器的安装高度,同时调整传感器,确保阻尼器的活塞杆和传感器在同一个水平高度。系统调试稳定后,调节电源,将电源电压调至需设定的值,确保达到实验所需的电流值,接通开关。由于开关同时并联了两个通道,可同时通过数据采集系统记录下信号,此时刻即为线圈中电流被接通的时刻,当阻尼力开始发生变化时,系统将检测到另一时间点,根据阻尼力的变化,结合响应时间相关参数的定义,就可以得到泡沫金属磁流变液阻尼器的动态响应时间。

9.5 试验台安装与调试

9.5.1 硬件调试

性能测试系统如图 9.14 所示。控制器驱动步进电机正转,滚珠丝杠跟随电机一起转动,滑块向右运动,推动活塞杆向右运动,传感器受到挤压。线圈通入一定电流后,从泡沫金属中抽出至剪切间隙的磁流变液跟随活塞运动,从而产生磁流变液效应,LABVIEW 的数据采集前面板记录阻尼力信号;传感器的电压信号通过放大器将信号放大,再经采集卡输入至程序中显示并保存。

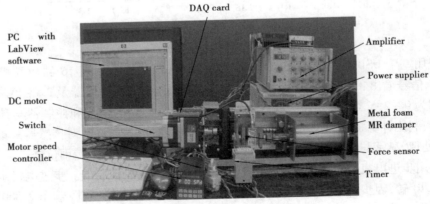

图 9.14 性能测试装置

实验安装过程如下:先将丝杠导轨一端钻两个 φ10.5 mm 的孔,用两个螺栓将导轨固定在试验台上,然后将阻尼器固定在丝杠导轨上,阻尼器两端的底座横跨在丝杠导轨两侧导轨上,用 4 个 M10 的螺栓连接,阻尼器底座与导轨之间用 4 片塑料垫片防止打滑和磨损,传感器一端连接阻尼器活塞杆的外螺纹端,另一端连接丝杠导轨上的滑板,这样丝杠转动滑块直线运动,带动活塞杆运动,传感器就能测出它们之间的受力情况。值得注意的是,为便于调整传感器位置,滑板上的螺栓孔打长孔,使传感器连接后只受拉压力的影响而不产生内应力。步进电机和丝杠导轨的丝杠之间采用联轴器连接,便于拆装和调整相对位置。线圈中的电流由外部电源提供,这样,阻尼器内部的磁场强度大小可以通过调节线圈中的电流来控制。其中,滚珠丝杠的作用是将电机的旋转运动转变为滑块的直线运动,电机的转速由相应的速度解码器控制,数据采集卡所获得的实验测试信号由 LABVIEW 数据处理软件采集并处理。

综上可知,测试装置主要由电机、导轨、滑块、力传感器、阻尼器及工控机构成。其中,力传感器将阻尼力信号和参考电压信号采集到工控机;数据采集卡将所采集到的模拟信号转换为数字信号;利用 LABVIEW 可视化软件处理所转换的数字信号,并在工控机上显示。实验过程中的电流通过外部电流源进行调节,电流调节范围为 0~2.5 A;剪切速度信号通过电机的控制器设置并调节;同时,还采用一个时间继电器来分别控制参考电压信号与实际测得的阻尼力信号。

测试过程如下:首先要安装阻尼器并调节步进电机和控制器,确保性能测试系统正常运行,连接步进电机和控制器,利用控制器编译一段程序,使步进电机能够各正反转 5 圈,如此 20 个循环,然后停止,保存程序,以保证系统的正常运行;其次,安装传感器,传感器与阻尼器之间通过角铝将螺钉与支架固定,传感器的输出端通过放大器连接至采集卡的一个通道中,采用一个稳压源作为参考信号输入至采集卡的另一个通道中;再次,用一个联轴器连接步进电机和滚珠丝杠,并将滚珠丝杠与铁架台固定在一起;最后,连接阻尼器、传感器和滑块,并将阻尼器固定在滑轨上,将阻尼器的线圈与供电电源和万用表连接,并用开关控制其通断。

9.5.2　软件调试

实验采用 LABVIEW 软件记录和采集数据信号,图 9.15 和图 9.16 所示分别为数据采集前面板和后面板。实验前,需设置采集通道、采样频率及采样点、数据处理和显示方式。同时,在 LABVIEW 中还包括控制采集开始及停止时刻的开关。

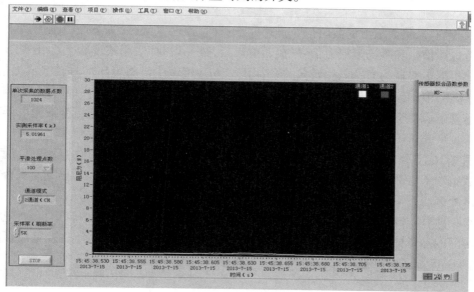

图 9.15　数据采集面板显示

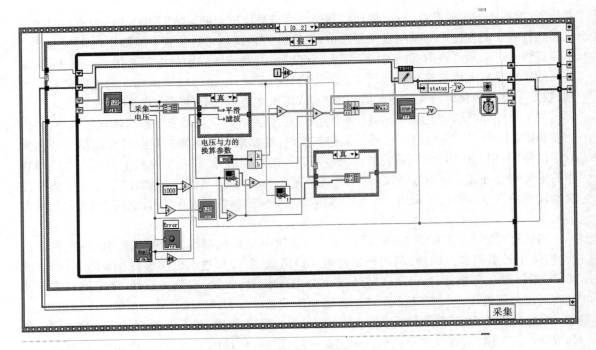

图 9.16　数据采集程序框图

多孔泡沫金属磁流变液阻尼器的性能测试过程如下：首先，利用步进电机控制器调节好电机的转速及阻尼器运动的位移，驱动电机，使电机开始工作，在线圈中不通入电流的情况下，打开 LABVIEW 前面板，设置采集通道和采样频率，运行数据采集程序，记录此时零输入电流时的初始阻尼力信号；然后，根据所需要的电流调节电源的电压值，打开开关，接通线圈中的电流，通过传感器采集阻尼力信号；最后，LABVIEW 的数据采集程序将该阻尼力信号保存至计算机。

LABVIEW 采集面板上的实时信号描述如下：没有接通电流时，采集面板上的两个信号分别为参考电压信号和零场阻尼力信号；接通电流后，过一段时间，采集面板上会出现阻尼力阶跃信号。根据传感器的力—电压转换关系，由于 LABVIEW 中已将电压信号转换成力信号，因此，LABVIEW 中得到的信号即代表所产生的阻尼力。随后，让系统运行一段时间，直至所采集的信号达到平稳状态，停止采集，即得到所需电流作用下多孔泡沫金属磁流变液阻尼器产生的阻尼力。

如图 9.16 所示，根据前面板通道模式的选择，采集电压模块将两通道的数据分成两组，利用合并数组端子将两通道的信号合成一维数组。根据前面板处理点数的需要判断是否对信号进行平滑处理。采用拆分数组功能将一维数组分成两组，其中一组为参考信号，另外一组是阻尼力信号，分别将校核的斜率和零点误差输入至程序中与电压信号进行逻辑运算，将电压信号转化成实际的参考信号和阻尼力信号。利用合成波形数据端子合并信号，输入至波形图表中显示，用 TDMS 端子实现数据保存功能。实验数据实时采集过程如图 9.17 所示。

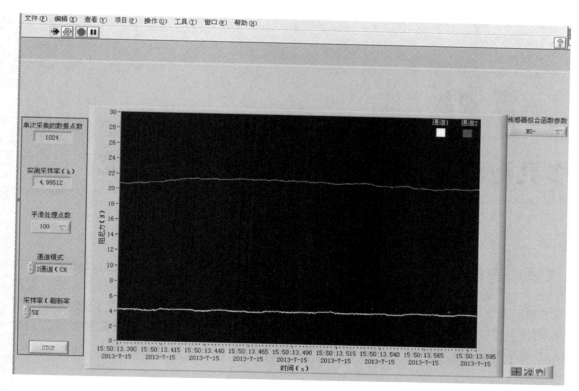

图 9.17　测试过程

9.6　本章小结

根据现有磁流变液阻尼器阻尼力大、成本高,而且密封困难,易产生泄漏等问题,本章设计了一种多孔泡沫金属磁流变液阻尼器,详细阐述了结构和工作原理,计算了磁路的磁阻并对磁场进行有限元仿真,得到了磁感应强度与外部电流的关系。针对所提出的多孔泡沫金属磁流变液阻尼器,搭建了一套用于测试其性能的实验装置,并对软硬件进行调试。结果表明,该套系统能够应用于多孔泡沫金属磁流变液阻尼器的性能测试,为后续研究阻尼力和响应时间特性提供了实验平台。

参考文献

[1] 兵器工业无损检测人员技术资格鉴定委员会. 常用钢材磁特性曲线速查手册[M]. 北京：机械工业出版社, 2003.

第10章
多孔泡沫金属磁流变液阻尼器性能研究

    磁流变液的力学性能直接决定了其应用范围,而响应时间是评判磁流变液及磁流变器件的另一个重要性能指标。根据多孔泡沫金属磁流变液阻尼器的结构和工作原理,本章首先给出了测试阻尼力的实验方法,随后利用搭建的性能测试系统分别研究了阻尼力及动态响应时间,具体包括磁场强度、剪切速度及泡沫金属材料对多孔泡沫金属磁流变液阻尼器性能的影响,并对结果进行了分析。

10.1   实验方法

    利用第4章介绍的方法,对线圈通入不同电流,得到不同时刻阻尼力随着时间的变化的实时图,如图10.1所示。同时,由于多孔泡沫金属磁流变液阻尼器产生的阻尼力较小,而在传感器安装过程中不可避免会产生误差,使力传感器存在一个空置输出,因此,实验前需研究空载阻尼力信号,以确保得到精确的磁致阻尼力。

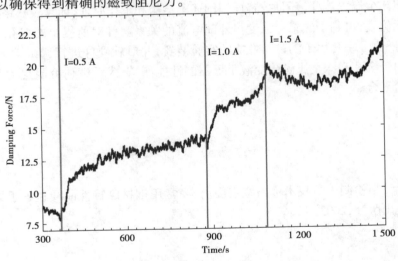

图 10.1   多孔泡沫金属磁流变液阻尼器阻尼力测试实时图

10.2　实验材料

实验中的磁流变液和泡沫金属与第 2 章中相同,泡沫金属材料相关特性及实验参数如下:
多孔泡沫金属厚度为 2 mm,孔隙率为 110 PPI;初始相对磁导率:泡沫金属镍为 4.33,泡沫金属铜为 1;电流从 0 A,0.5 A,1.0 A,1.5 A 到 2.0 A 逐步增加;活塞运动速度为 2,4,6,8,10 mm/s;其中,电流和活塞运动速度根据不同实验目的,选择合适的范围。

10.3　力学性能实验及理论分析

实验前首先研究了多孔泡沫金属磁流变液阻尼器阻尼力产生的临界电流值,如图 10.2 所示,以泡沫金属镍为例,此时临界电流 0.036 A,对应的临界磁感应强度为 23.6 mT。根据前面得到的不同泡沫金属材料磁感应强度与电流的关系,得到泡沫金属镍的临界磁场强度为 24.4 mT。

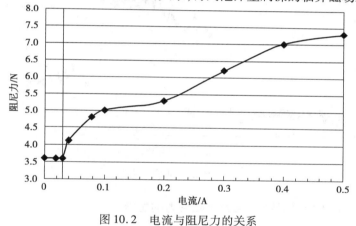

图 10.2　电流与阻尼力的关系

10.3.1　阻尼力测试实验

为消除零场阻尼力对磁致阻尼力的影响,每次实验前都预先调节并测试零输入电流时的阻尼力直至合适为止,记录该输出阻尼力。图 10.3 所示为零场下的空载阻尼力,由参考电压信号记录。结合图 10.2 和图 10.3 可以看出:

①线圈中电流为零时,由于阻尼器安装过程中存在的摩擦力及阻尼器自身重力的影响,导致空载阻尼力较大,在实验结果中可以通过将空载阻尼力从实际测量值中减去的方法消去该值对最终结果的影响。

②无论励磁线圈中是否通入电流,传感器在测试过程中都存在一定范围的波动。没有通入电流时,波动范围约为 0.5 N;接入电流后,波动范围约为 1.2 N,稍高于没有接入电流的情况。影响传感器信号波动的因素主要有:

a. 磁流变液微观结构的影响。励磁线圈中通入电流后,磁性颗粒在外加磁场作用下不断断裂与重组,而且磁流变液的滑移现象等都可能导致传感器信号产生波动。为此,实验结果中取一段时间内的阻尼力平均值。

b. 法向应力的影响。外加磁场作用下,磁流变液会沿着磁场方向产生法向应力,从而使被抽出的磁流变液表面不稳定,进而影响由于活塞运动产生剪切阻尼力的稳定性,导致传感器信号的波动。

c. 外部信号对阻尼力的干扰。实际测试过程中变频器对传感器信号的影响(例如:控制电机的控制器变频信号对传感器信号的影响等)。

d. 阻尼器摩擦力的影响。由于加工精度的原因,阻尼器活塞杆与端盖及铜片不可避免会存在一定摩擦作用,从而导致阻尼力信号波动。

③同时,由图还可以看到,阻尼器断电后的阻尼力稍高于通电前的阻尼力。这可能是因为断电去掉磁场后磁路中的剩磁效应,使少量的磁流变液残留在阻尼间隙内而没有及时流回泡沫金属中。

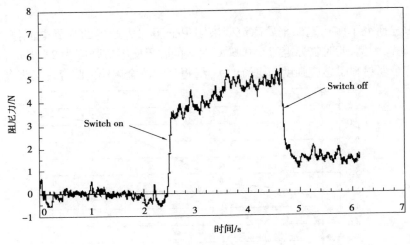

图 10.3 试验方法

10.3.2 多孔泡沫金属材料及电流对阻尼力的影响

实验中的磁流变液为重庆仪表所的 MRF-J01T。分别采用泡沫金属镍和泡沫金属铜两种材料研究多孔泡沫金属材料及电流对阻尼力的影响,基本参数如表 10.1 所示,两种材料只有磁导率有所不同,其余参数相同,而且泡沫金属镍的磁导率高于泡沫金属铜的磁导率。

表 10.1 泡沫金属材料参数

泡沫金属	初始磁导率	密度/($g \cdot cm^{-3}$)	孔隙率/PPI	厚度/mm
Cu	1	0.26	110	2
Ni	1.5	0.26	110	2

为了研究多孔泡沫金属磁流变液阻尼器的阻尼力,首先采用流变仪研究了外加磁场强度对不同泡沫金属材料所抽出的磁流变液体积量的影响。电流为 1 A 时,被抽出的磁流变液的体积如图 10.4 所示。其中图 10.4(a)和图 10.4(b)分别为采用泡沫金属镍和泡沫金属铜所抽出的磁流变液。由图可知,采用泡沫金属铜比采用泡沫金属镍时抽出的磁流变液多。这与

刘旭辉的研究一致。刘旭辉通过研究磁流变液的体积量与剪切转矩的关系发现,从泡沫金属中抽出的磁流变液体积量的大小以及剪切间隙中的磁感应强度是影响多孔泡沫金属执行器转矩的两个重要因素。在电流相同的情况下,在泡沫金属中储存相同体积的磁流变液时,从泡沫金属铜中抽出的磁流变液比从泡沫金属镍中抽出的磁流变液体积大;而对一定体积的磁流变液施加不同电流的磁场强度,采用泡沫金属铜比采用泡沫金属镍的剪切转矩变化较大,即磁场强度是影响多孔泡沫金属执行器剪切阻尼力大小的主要因素。

（a）　　　　　　　　　　　　　　（b）

图 10.4　被抽出的磁流变液的体积

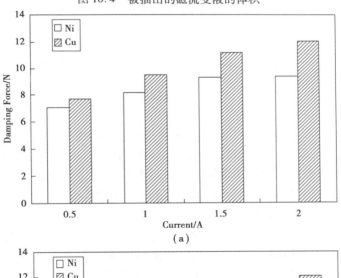

（a）

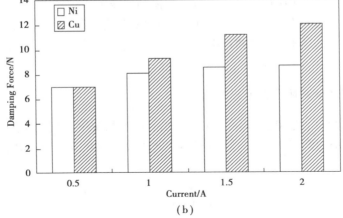

（b）

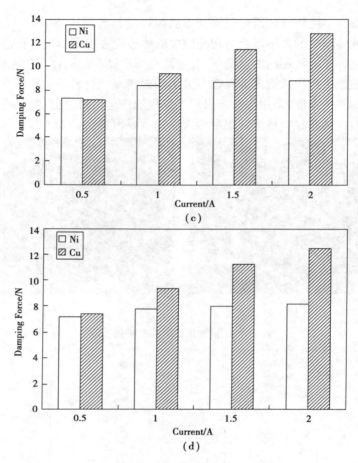

图 10.5　不同材料和电流对阻尼力的影响

（a）剪切速度 2 mm/s；（b）剪切速度 4 mm/s；（c）剪切速度 6 mm/s；（d）剪切速度 8 mm/s

如图 10.5 所示为采用不同泡沫金属材料时得到的阻尼力与电流的关系。电流范围较小时，泡沫金属磁流变液阻尼器的阻尼力随着电流的变大增加较快，而电流超过 1.5 A 后，阻尼力的增加较小，这主要与磁性颗粒的饱和有关。

同时，对比相同剪切速度、不同材料的两种泡沫金属材料，采用泡沫铜时的阻尼力比采用泡沫镍的阻尼力大。究其原因，主要是因为泡沫镍和泡沫铜的磁导率不同，从而导致采用不同材料的泡沫金属磁流变液阻尼器中剪切间隙的磁感应强度不同，而且从不同泡沫金属中抽出的磁流变液的体积量也不相同。同时，根据图 10.4 也表明，从泡沫金属铜中抽出的磁流变液体积量比泡沫镍中的多。

10.3.3　剪切速度对阻尼力的影响

以多孔泡沫镍为例，图 10.6 所示为在不同励磁电流情况下得到的阻尼力与剪切速度的关系。由图可知，剪切速度对阻尼力的影响较小。通过数据拟合，得到不同电流下阻尼力随着剪切速度变化的函数：

电流为 0.5 A 时：

$$F_1 = 0.025I + 7.23$$

电流为 1.0 A 时：

$$F_2 = 0.035I + 8.15$$

电流为 1.5 A 时：

$$F_3 = 0.05I + 8.4$$

电流为 2.0 A 时：

$$F_4 = 0.05I + 9.36$$

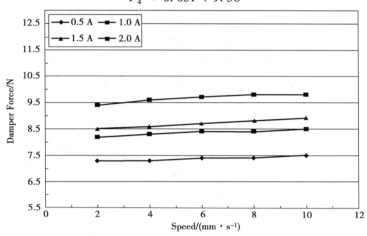

图 10.6　剪切速度对阻尼力的影响(泡沫金属镍)

根据拟合函数得知,当电流从 0.5 A 增加到 1.0 A 时,直线的斜率有所增大;但当电流分别为 1.5 A 和 2.0 A 时,直线的斜率与电流的变化无关。这也进一步表明:电流超过 1.5 A 后,磁流变液已经达到饱和,阻尼力趋于稳定。

10.3.4　剩磁对阻尼力的影响

为研究去掉电流后剩磁对阻尼力的影响,保持剪切速度和施加电流不变,而且泡沫金属中充满磁流变液后,便不再更换磁流变液,分别使用泡沫金属镍和泡沫金属铜重复 5 次实验,得到的阻尼力特性如图 10.7 所示。图中表明,无论采用何种材料,随着实验次数的增加,阻尼力

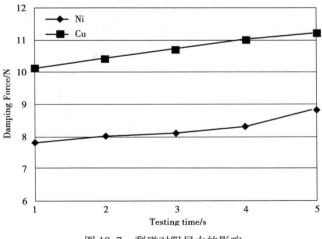

图 10.7　剩磁对阻尼力的影响

147

都逐渐增加,而且实验时间越长,阻尼力增加的幅值越大,表明剩磁对阻尼力的影响较大。因此,实验中采用反向施加电流的方式减小剩磁对阻尼力的影响。

10.3.5 磁流变液的沉降稳定性对阻尼力的影响

在减振装置中安装磁流变液阻尼器后,可能需要几个星期甚至几个月以后才会更换;而且由于机械设备使用的特殊性,也可能不需要频繁使用。在这一过程中,磁流变液的沉降稳定性可能会影响阻尼器的力学性能。为此,实验研究了泡沫金属磁流变液阻尼器在4个月内的力学特性,这里选用常温下泡沫金属铜磁流变液阻尼器作为研究对象。实验前先让阻尼器往复运动5次,再对阻尼力进行测试,得到不同时间点多孔泡沫金属磁流变液阻尼器的阻尼力与电流的关系,如图10.8所示。由图可知,随着时间的推移,静置4个月后,阻尼力虽然有所下降,但总的下降率不超过10%。

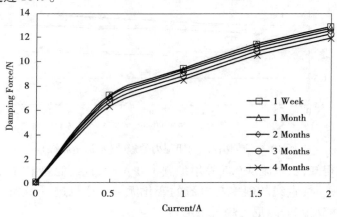

图 10.8 不同时间点的阻尼力与电流的关系

10.3.6 影响泡沫金属磁流变液阻尼器阻尼力的因素分析

综上可知,采用多孔泡沫金属存储磁流变液这一思想研制的阻尼器,阻尼力的大小不仅与外加电流和剪切速度相关,还与产生磁流变液效应的有效磁流变液体积量有关。在剪切间隙和外加电流一定的情况下,被抽出的磁流变液的体积量越大,产生的磁流变液效应越强,阻尼力越大。分析阻碍磁流变液从泡沫金属中上升到剪切间隙的主要原因如下:

①泡沫金属材料内部结构的影响。由于多孔泡沫金属的结构并非规则的圆形毛细管结构,而是相互交叉的复杂网状结构,孔径大小分布不均匀,泡沫金属内的金属丝相互联结,形成大量的"结点",这些"结点"分布在泡沫金属内部的各个方向,从而影响磁性颗粒形成有序结构的通链,使多孔泡沫金属内的部分磁流变液成短链,不能从多孔泡沫金属内被抽出至剪切间隙。

②法向应力的影响。磁流变液从泡沫金属中抽出至剪切间隙后,形成的有序结构同时还会产生法向应力,影响磁流变液的上升。

③磁性颗粒链化结构的影响。磁场强度增加到一定程度后,由于颗粒链之间的相互作用,会出现大量的层状甚至柱状结构,这种结构的形成阻碍了自由磁性颗粒的运动,增加了磁流变液成链的横截面积,从而使磁流变液上升比较困难。

④磁流变液从泡沫金属中抽出至剪切间隙这一上升过程中还存在能量损失。

10.4　动态响应时间实验及理论分析

10.4.1　实验方法

对多孔泡沫金属磁流变液阻尼器动态响应时间进行研究（实验材料及方法与 5.3 节相同），分别得到上升时间和下降时间。由于实验中分别采用两个通道对信号进行采集，考虑到不同采集通道对响应时间的影响，实验前分别对其进行了测试。以泡沫金属铜磁流变液阻尼器为例，电流为 0 A，剪切速度为 2 mm/s，得到不同通道的响应时间差如图 10.9 所示。结果表明，两通道间的响应时间相差不到 1 ms，由于磁流变液阻尼器的响应时间是毫秒级甚至更长，因此，采集通道对响应时间的影响可以忽略。同时，为了保证实验数据的准确性，实验过程中数据采集频率为 5.12 kHz。

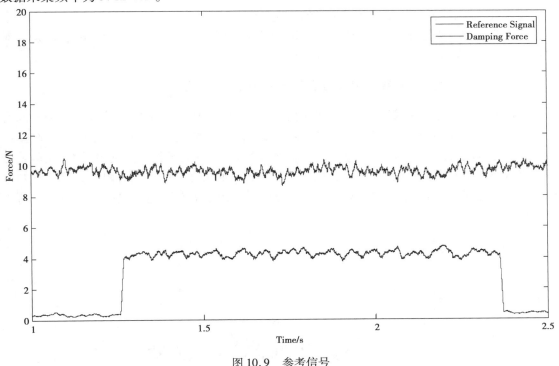

图 10.9　参考信号

10.4.2　动态响应时间及其影响因素

根据泡沫金属磁流变液阻尼器的工作原理，动态响应时间主要由 3 个阶段构成：①磁流变液从泡沫金属中抽出到剪切间隙的时间段，该时间段主要与泡沫金属的结构及外加磁场强度的大小等因素有关；②磁流变液从泡沫金属中抽出后填充至剪切间隙到达活塞高度的时间，主要与外加磁场强度及磁流变液的性能等因素有关；③磁流变液在活塞运动的过程中产生磁流变液效应的时间主要与磁流变液的性能及外加磁场相关。综合考虑实验过程中其他因素的影响,响应时间 t 主要由以下几个部分组成:①磁流变液产生磁流变效应的时间 t_0;②磁流变液从多孔泡沫金属中抽出至到达剪切间隙(多孔泡沫金属表面)的时间 t_1;③磁流变液从多孔泡沫金属表面到达到活塞高度的时间 t_2;④计算机软硬件、采集卡及系统的刚度和柔度的响应时间 t_3;⑤对于泡沫金属镍和泡沫金属铜而言,还存在泡沫金属材料达到饱和所需的时间 t_4。

因此,多孔泡沫金属磁流变液阻尼器的响应时间 t 为

$$t = t_0 + t_1 + t_2 + t_3 + t_4 \tag{10.1}$$

据此,分析影响响应时间的主要因素如下:

①磁流变液的特性。根据动力学分析可知,母液的粘度越大,磁性颗粒运动的阻力越大,响应时间越长;磁性颗粒的体积分数越大,越容易形成链状结构,响应时间越短;外加磁场强度越大,磁性颗粒之间的相互作用力越强,颗粒的动能越大,移动的加速度越大,响应时间越短。

②多孔泡沫金属材料。外加电流一定时,不同磁导率的多孔泡沫金属内部磁场强度不同:磁导率越大,磁场强度越大,磁性颗粒越容易达到饱和,运动速度越大,响应时间越短;反之,磁导率越小,内部磁场强度越小,响应时间越长。

③系统柔度、计算机软硬件及采集卡的响应时间。

④剩磁效应。去掉磁场后,由于剩磁作用,仍然有部分磁流变液残留在剪切间隙,从而对阻尼力达到稳定状态所需的时间有一定的影响。

10.4.3　多孔泡沫金属磁流变液阻尼器响应时间参数定义

根据泡沫金属磁流变液阻尼器响应时间的 3 个阶段,解释实验数据,定义了与响应时间有关的参数,如图 10.10 所示。为了阐释泡沫金属磁流变液阻尼器的响应时间,本文选择以 63.2% 作为响应时间的参考标准。其中, τ_{delay} 表示从接通电流到开始检测到阻尼力(也就是磁流变液从泡沫金属中抽出到剪切间隙)的时间段; τ_{ref} 表示从开始检测到有阻尼力到达到初始稳态阻尼力的 63.2% 所需的时间; $\tau_{response}$ 定义为从开始接通电流到达到最初稳态阻尼力所需要的总时间。

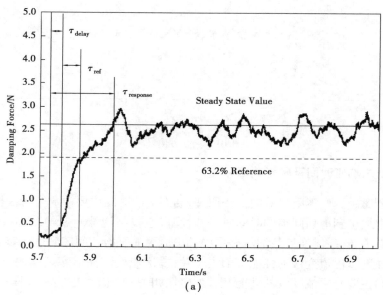

(a)

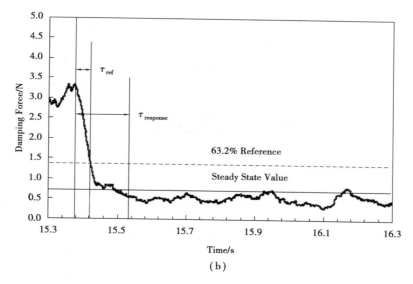

（b）

图 10.10　响应时间参数定义

（a）上升时间参数定义；（b）下降时间参数定义

10.4.4　电流及剪切速度对响应时间的影响

由于泡沫金属磁流变液阻尼器中磁流变液的流动机理与传统磁流变液阻尼器有很大的区别，不仅包括了磁流变液的响应时间，还包括磁流变液从泡沫金属中抽出至剪切间隙随活塞一起运动产生阻尼力的时间，因此，外加电流强度的大小是影响泡沫金属磁流变液阻尼器响应时间的重要因素。

以多孔泡沫镍为例，实验得到多孔泡沫金属磁流变液阻尼器响应时间与电流及活塞运动速度的关系，图 10.11 和图 10.12 所示分别为上升时间和下降时间。

由图 10.11 和图 10.12 可以看到，电流越大，充满磁流变液的泡沫金属内部磁场强度也越大，磁性颗粒所受到的磁场力也越大，根据牛顿第二定律，磁流变液从泡沫金属中抽出的速度越快，τ_{delay} 也越小；在磁流变液抽出到剪切间隙的这一过程中，电流越大，剪切间隙内部的磁场强度越大，分散于间隙中的磁性颗粒越容易移动，τ_{ref} 越小；同样可以知道，$\tau_{response}$ 响应时间的快慢与外加电流的大小成反比。总体来说，泡沫金属磁流变液阻尼器的动态响应时间随着外加

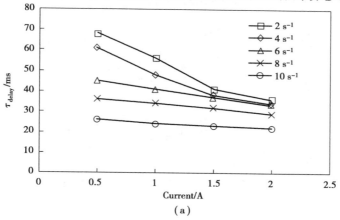

（a）

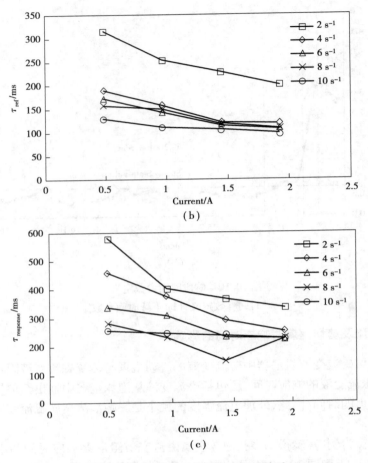

图 10.11　上升时间参数与电流的关系

电流的增大而减小,并且在电流较小的区间(0.5 ~ 1.5 A),响应时间减小越快,而当电流超过某一值后(1.5 A),响应时间减小的速率明显变小,甚至达到一稳态恒定。

同时,图中还表明,动态响应时间随着活塞运动速度的增大而减小,速度越大,分散于磁流变液中的磁性颗粒越容易移动,越容易达到磁流变液剪切屈服应力,达到阻尼器稳态值的时间越短,响应时间越快。

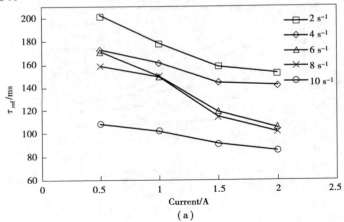

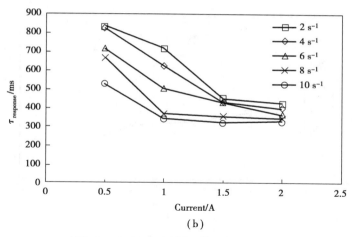

（b）

图 10.12　下降时间参数与电流的关系

10.4.5　多孔泡沫金属材料对响应时间的影响

不同泡沫金属材料对响应时间的影响如图 10.13 所示。磁流变液从泡沫金属中被抽出的响应时间如图 10.13（a）所示,使用泡沫铜比使用泡沫镍的阻尼器响应时间快,并且在小电流

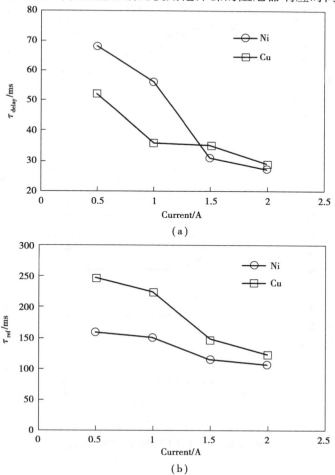

（a）

（b）

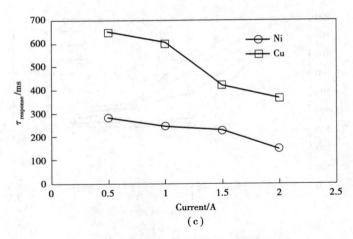

（c）

图 10.13　泡沫金属材料对上升时间参数的影响

范围内（0.5~1.5 A），使用两种材料时阻尼器的响应时间差异较明显，例如：电流为 0.5 A 时，采用泡沫镍的响应时间为 68 ms，采用泡沫铜的响应时间为 52 ms。随着电流的增大，两者响应时间的差异越来越小，例如：电流为 1.5 A 时，采用泡沫铜的响应时间为 29 ms，采用泡沫镍的响应时间为 27 ms。

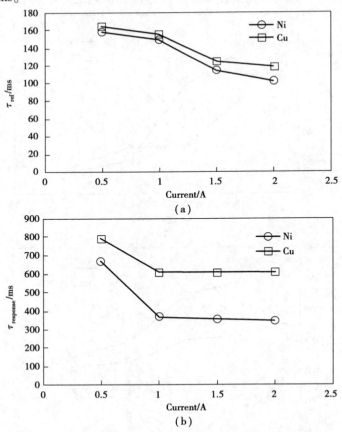

（a）

（b）

图 10.14　材料对下降时间参数的影响

在磁回路中,磁力线最先通过相对磁导率大的导磁材料。由于多孔泡沫金属镍中金属镍的相对磁导率为4.33,而金属铜的磁导率为1,磁流变液的相对磁导率约为3.2。由于多孔泡沫金属铜的相对磁导率小于磁流变液,因此,当外加磁场强度达到一临界值时,磁流变液首先从多孔泡沫金属铜内抽出并填充剪切间隙;而多孔泡沫金属镍的相对磁导率大于磁流变液,则磁力线将首先穿过金属镍,直至磁场强度增加至另一临界值,此时,金属镍被磁化到一定程度,磁流变液才被抽出。因此,使用泡沫金属铜的响应时间参数 τ_{delay} 比使用泡沫金属镍的响应时间要短。而随着电流的增大,无论使用哪种泡沫金属材料,磁路已经饱和,此时两者的响应时间参数 τ_{delay} 相差不大。

然而,对于参考时间 τ_{ref} 及响应时间 $\tau_{response}$,采用泡沫金属铜的两个时间参数比采用泡沫金属镍所需响应时间长。从第4章计算结果可知,泡沫金属材料对多孔泡沫金属磁流变液阻尼器剪切间隙的磁场强度影响不大,而对两种不同泡沫材料施加相同的磁场强度时,从泡沫金属铜中抽出的磁流变液体积较大,从而达到稳态阻尼力的时间也就越长,响应时间越长。

10.4.6　上升时间与下降时间对比

同时,实验还对上升时间与下降时间进行了对比,以泡沫铜为例,剪切率为 2 mm/s,结果如图10.15所示。图中表明,尽管泡沫金属磁流变液阻尼器上升时间过程包括了磁流变液从泡沫金属中抽出的时间,但由于剩磁的影响,下降时间仍然比上升时间长。

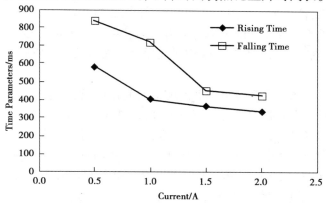

图10.15　上升时间与下降时间对比

10.4.7　动态响应时间分析及计算模型

与传统磁流变液阻尼器相比,多孔泡沫金属磁流变液阻尼器的动态响应时间与其内部的磁流变液流动机理有着密切的关系。磁流变液在泡沫金属磁流变液阻尼器内部的流动示意图如图10.16所示。线圈中没有通入电流时,在重力和毛细管力的作用下,磁流变液储存在泡沫金属中,如图10.16(a)所示;如图10.16(b)所示,接通电流后,磁场力克服重力和毛细管力,磁流变液被抽出至剪切间隙;当外加电流增加到一定值,剪切间隙内部磁场强度增加到一定强度后,被抽出的磁流变液达到活塞高度并随活塞一起作剪切运动,产生磁流变液效应,从而阻尼力发生变化,如图10.16(c)所示。

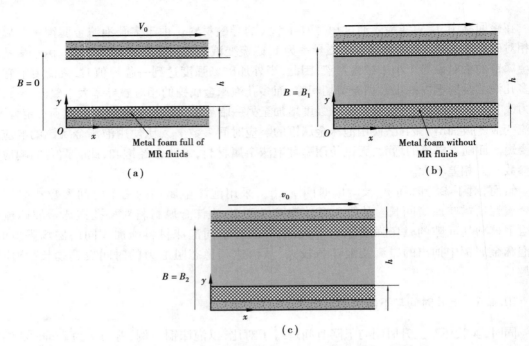

图 10.16　泡沫金属磁流变液阻尼器内部磁流变液流动特性分析

当其他条件相同时,多孔泡沫金属磁流变液阻尼器阻尼力主要取决于从泡沫金属中被抽出的磁流变液的体积,被抽出的磁流变液的体积越大,磁流变液效应越强,阻尼力越大。而产生磁流变液效应的磁流变液体积的大小与从泡沫金属中抽出的磁流变液的上升高度相关,为此,本文通过建立磁流变液的上升高度模型描述磁流变液的动态响应时间。同时,该模型也反映了阻尼力的变化。

为建立多孔泡沫金属磁流变液阻尼器的响应时间模型,利用泡沫金属的管束模型,首先对微孔中磁流变液流动的表面张力进行计算,进而对泡沫金属中的磁流变液在外加磁场作用下进行受力分析,再根据牛顿第二定律得到运动方程,从而得到上升高度与时间的关系。

在磁流变液从泡沫金属中被抽出至剪切间隙并产生阻尼力这一过程中,磁流变液受到的作用力主要有:①磁场力 $F_m = \mu_0 M \nabla H$;②磁流变液的重力 $G = mg = \rho V g$;③磁流变液所受到的表面张力 $F = \sigma K(h) S_p$;④范德华力及其他分子之间的作用力。

针对抽出至剪切间隙的磁流变液,根据牛顿第二定律得到其运动方程:

$$V\rho \frac{dv}{dt} = \left[\mu_0 \int_0^H M dH + \frac{1}{2} \mu_0 M^2 \right] S_p - V\rho g - \sigma K(h) S_p \tag{10.2}$$

式中　V——磁流变液的上升体积;

　　　ρ——磁流变液密度;

　　　V——磁流变液的上升速度;

　　　H——磁场强度;

　　　M——磁化强度;

　　　S_p——泡沫金属单孔面积;

　　　g——重力加速度;

　　　h——磁流变液的上升高度;

σ——表面张力；

$K(h)$——上升的磁流变液曲率。

磁流变液的动态运动特性不仅与外加磁场相关,而且磁流变液的上升表面形貌也对其上升过程有较大影响。

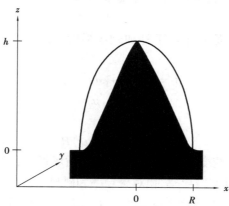

图 10.17　磁流变液的上升简化模型

假设在外加磁场作用下,被抽出的磁流变液呈椭圆状,且在上升过程中,椭圆短半轴保持不变,如图 10.17 所示,从而有:

$$V = \frac{2}{3}\pi r^2 h$$

$$K(h) = \frac{h}{r^2}$$

$$S_{\text{p}} = \pi r^2$$

式中　r——多孔泡沫金属单孔的半径；

　　　h——磁流变液的上升高度。

则有:

$$\frac{2}{3}\pi r^2 h \cdot \rho \frac{\mathrm{d}v}{\mathrm{d}t} = \left[\mu_0 \int_0^H M\mathrm{d}H + \frac{1}{2}\mu_0 M^2\right] \cdot \pi r^2 - \frac{2}{3}\pi r^2 h\rho g - \sigma \frac{h}{r^2}\pi r^2 \qquad (10.3)$$

化简为:

$$\frac{\mathrm{d}v}{\mathrm{d}t} = \frac{6\mu_0 \int_0^H M\mathrm{d}H + 3\mu_0 M^2}{4\rho h} - g - \frac{3\sigma}{2\rho r^2} \qquad (10.4)$$

假设:

$$C_1 = \frac{6\mu_0 \int_0^H M\mathrm{d}H + 3\mu_0 M^2}{4\rho} \qquad (10.5)$$

$$C_2 = g + \frac{3\sigma}{2\rho r^2} \qquad (10.6)$$

此时,方程简化为:

$$\frac{\mathrm{d}^2 h}{\mathrm{d}t^2} - \frac{C_1}{h} = -C_2, \begin{cases} h\big|_{t=t_1} = h_{\max} \\ \dfrac{\mathrm{d}h}{\mathrm{d}t}\bigg|_{t=t_1} = 0 \end{cases} \qquad (10.7)$$

该方程组的物理意义为,在 $t = t_1$ 时刻,磁流变液上升到最高点 h_{max},此时,在最高点处的速度为0。于是,问题转化为对磁流变液上升至最高点时刻 t_1 及最高点 h_{max} 的确定,即阻尼力达到最大稳定值的时刻。

分析该微分方程可知,若施加恒定磁场,磁流变液中的磁感应强度为一恒定值,此时,C_1 和 C_2 变为常数。

假设磁流变液的磁化强度 M 正比于外加磁场强度 H,磁流变液中 B,H,M 三个矢量相互平行,则有

$$B = \mu_0(H + M) = \mu H \tag{10.8}$$

$$\mu = \mu_0 \mu_r \tag{10.9}$$

从而

$$\mu_0 M = (\mu - \mu_0)H \tag{10.10}$$

式中　B,H,M——分别为磁流变液中的磁感应强度、磁场强度和磁化强度;

　　　μ_0,μ_r,μ——分别为真空磁导率、相对磁导率和磁导率。

在等温条件下,磁流变液的磁化强度和磁导率与温度无关,于是有

$$M = \frac{\chi}{\mu_0(1 + \chi)}B(r) \tag{10.11}$$

则有

$$\mu_0 \int_0^H M dH = \frac{H^2}{2}(\mu - \mu_0) \tag{10.12}$$

式中　χ——磁化率;

　　　$B(r)$——被抽出的磁流变液中的磁感应强度。

带入相关参数,得到边界条件:

$$h\big|_{t=t_1} = h_{max}$$

$$\frac{dh}{dt}\bigg|_{t=t_1} = 0 \tag{10.13}$$

式(10.13)表明,外部条件一定时,磁流变液的上升高度主要取决于外部磁感应强度。将实验和仿真得到的磁感应强度与外加电流的关系带入式(10.13),利用 mathmatic 求解,结合式(10.13)即可得到磁流变液的上升高度随时间变化的过程。以泡沫金属铜为例,得到磁流变液的上升高度随时间变化的曲线如图 10.18 所示。

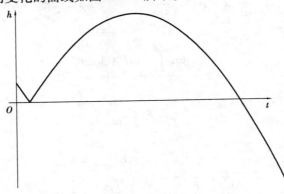

图 10.18　磁流变液的上升高度与时间的关系

由图 10.18 可知,没有外加磁场时,由于表面张力及其他作用力,磁流变液在泡沫金属中上升至一初始高度 h_0;线圈中通入电流后,磁场力克服重力及其他作用力,磁流变液开始下降,直到力达到平衡,此时,磁流变液回归零点;继续增加磁场强度,从泡沫金属中抽出至剪切间隙的磁流变液体积越来越大,磁流变液的上升高度也随之变大,直至上升到一高度后,磁场力与重力、表面张力及其他作用力达到平衡,此时,磁流变液加速度为零,上升至最高点;随后,由于阻碍磁流变液的上升作用力大于磁场力,磁流变液最终回到原点,但由于磁流变液在泡沫金属中可能产生回流,磁流变液流回到泡沫金属中,因此产生负方向的高度。

因此,磁流变液从泡沫金属中被抽出的上升高度不仅与外加磁场强度的大小有关,还与磁流变液的特性和泡沫金属的结构参数有关。总之,当施加的磁场力大于表面张力、粘滞阻尼力和重力的合外力时,磁流变液将从泡沫金属中抽出;反之,磁流变液将重新流回到泡沫金属中。

10.5　响应时间计算算例及误差影响因素分析

10.5.1　计算算例

在磁流变液从多孔泡沫金属中被抽出的阶段,假设外界电流为 1.0 A,多孔泡沫金属选择铜,此时对应的磁流变液中的磁场强度根据仿真计算为 70 kA/m,根据磁流变液的参数,带入到式(10.2),此时:

$$h = \frac{V_c}{N \cdot s} = \frac{5 \times 10^{-6}\text{m}^3}{12\ 240 \times \pi \times (0.25 \times 10^{-3})^2} = 2.125 \text{ mm} \tag{10.14}$$

若临界体积为 5 mL,对相关外力的表达式进行化简,定义:

$$k_1 = \frac{G}{F_M} = \frac{V\rho g}{\mu_0 \chi H^2 V} = \frac{3 \times 10^3 \times 9.8}{4\pi \times 10^{-7} \times 6 \times (14 \times 10^3)^2} = 0.79 \tag{10.15}$$

$$k_2 = \frac{f_s}{F_M} = \frac{\pi D \sigma}{\mu_0 \chi H^2 V} = \frac{\pi \times 500 \times 10^{-6} \times 60 \times 10^{-3}}{4\pi \times 10^{-7} \times 6 \times (14 \times 10^3)^2 \times 5 \times 10^{-6}} = 0.325 \tag{10.16}$$

$$k_3 = \frac{F_v}{F_M} = \frac{\eta \frac{dv}{dh} ds}{\mu_0 \chi H^2 V} \tag{10.17}$$

在磁流变液被抽出的过程中,根据两相流的粘度来估算粘滞阻尼力,$\eta = \eta_0(1 + 2.5\phi)$,$\phi$ 为固体颗粒的体积百分比。假设磁流变液在孔内匀速运动的时间为 10 ms,则得到的粘性阻力为

$$F_v = 0.4 \times \frac{1}{10 \times 10^{-3}} \times \pi D \times h \tag{10.18}$$

其大小数量级为 10^{-6},因此可以忽略。

根据以上分析,式(10.2)可以变为

$$\rho V \frac{dv}{dt} = (1 - k_1 - k_2 - k_3) F_M \tag{10.19}$$

同理,式(10.3)和式(10.4)也可以得到相应的计算表达式。

当磁流变液在多孔泡沫金属中被抽出时,根据式(10.4),不考虑磁流变液中磁场的变化,

可以得到如下计算表达式：

$$v = \sqrt{\frac{2 \times (1 - k_1) F_M \cdot h}{m}} \tag{10.20}$$

$$t = \sqrt{\frac{2mH}{(1 - k_1) F_M}} \tag{10.21}$$

采用多孔泡沫铜材料，厚度为 2 mm，剪切间隙为 1 mm，外界电流为 1.0 A 的情况下，代入数据计算得到抽出部分的响应时间：

$$v = \sqrt{\frac{2 \times (1 - k_1) F_M \cdot h}{m}} = 0.023 \, 5 \, (\text{m/s}) \tag{10.22}$$

$$t_1 = \sqrt{\frac{2mH}{(1 - k_1) F_M}} = 12.31 \, (\text{ms}) \tag{10.23}$$

在第二阶段，抽出的磁流变液运动到活塞高度的时间为 t_2。该阶段运动过程中，由于空气间隙的磁阻占的比例很大，此时抽出的部分磁流变液对间隙内部的磁场的影响可以忽略，根据计算及磁流变液的特性，空气间隙内部的磁场强度为 40 kA/m，假设约 20% 的磁流变液上升到活塞高度，此时：

$$t_1 = \sqrt{\frac{2mH}{(1 - k_1) F_M}} = 12.31 \, (\text{ms}) \tag{10.24}$$

将式(10.20)和式(10.21)两式变形得

$$v_t = \sqrt{\frac{2 \times (1 - k_1') F_M' \cdot H'}{m'} + v_0^2} \tag{10.25}$$

代入数据得：

$$v_t = \sqrt{\frac{2 \times (1 - 0.81) \times 4\pi \times 10^{-7} \times 6 \times (40 \times 10^3)^2 \times 1 \times 10^{-3}}{5 \times 10^3} + (0.023 \, 5)^2} = 0.09 \, (\text{m/s})$$

根据式(10.19)，在工程计算中：

$$(1 - k_1 - k_2 - k_3) F_M = m(v_t - v_0) \tag{10.26}$$

代入上述数据，即

$$k_1' = 0.1$$
$$v_t = 0.09 \, \text{m/s}$$
$$v_0 = 0.023 \, 5 \, \text{m/s}$$

解得

$$t_2 = 38.4 \, \text{ms}$$

此时，如果算上磁流变液产生磁流变效应的时间 t_3（大约为 10 ms），则此时总的响应时间为：

$$t = t_1 + t_2 + t_3 = 12.3 + 38.4 + 10 = 60.7 \, (\text{ms})$$

这也就是多孔泡沫金属浸泡磁流变液后总的响应时间。

10.5.2　误差影响因素分析

综上，由于多方面的原因，实验中不可避免的误差导致得到的响应时间远大于计算值。产生误差的因素如下：

①计算过程中将磁流变液的流动过程进行了简化,忽略了磁流变液在多孔泡沫金属材料中的"结点"以及与泡沫金属材料中金属丝的相互作用,将会使实际测试的响应时间增加;

②计算过程中没有考虑磁流变液内部磁场梯度的影响,也忽略了磁场对表面张力的影响,上述两个因素都将会增加磁流变液的实际响应时间,给计算带来较大的误差;

③计算过程中的分析表明,磁流变液的响应时间主要与磁流变液内部的磁场强度有关,而内部磁场强的数据主要采用仿真和计算得到,也会引起较大的误差。

计算过程表明,多孔泡沫金属材料中浸泡磁流变液后,响应时间与磁流变液的特性和上升的高度等因素有关。从式(10.1)可以看出,其主要影响因素除了测试系统外,还与磁流变液内部的磁场强度、磁流变液的密度及磁学特性、多孔泡沫金属材料的结构分布有关。

10.6　本章小结

利用第 4 章搭建的测试系统,本章对所研制的多孔泡沫金属磁流变液阻尼器的性能进行了实验研究。分别研究了阻尼力与多孔泡沫金属材料、磁场强度、活塞剪切速度及剩磁的关系,并分析了影响阻尼力的影响因素,还对磁流变液的沉降稳定性对阻尼力的影响进行了研究。研究表明,采用泡沫金属铜的磁流变液阻尼器比采用泡沫金属镍的阻尼器产生的阻尼力大;其他条件相同时,从线圈通入电流到产生阻尼力,采用泡沫金属铜所需的时间较短;静置 4 个月后,多孔泡沫金属磁流变液阻尼器的阻尼力下降不到 10%。同时,为了研究多孔泡沫金属磁流变液阻尼器的动态响应特性,定义了响应时间参数,实验得出多孔泡沫金属材料、电流及剪切速度对上升时间和下降时间的影响,磁场强度是影响动态响应时间的重要因素,可以通过外加电流控制动态响应特性,而且即使上升时间中包括了磁流变液从泡沫金属中抽出的时间,下降时间仍然比上升时间长;通过牛顿第二定律建立了动态响应时间的计算模型,最后通过一个算例分析了动态响应时间的误差来源,分析了误差的影响因素。

参考文献

[1] 刘旭辉. 基于多孔泡沫金属的磁流变液阻尼材料的理论及实验研究 [D]. 上海:上海大学,2009.

第**11**章
泡沫金属磁流变液阻尼器的阻尼特性及建模

根据仿真结果,磁流变液在泡沫金属中为层流,由于粘滞作用力,磁流变液在流动过程中层流之间的相对速度及摩擦阻力,使部分机械能转化为热能,造成部分能量损失;同时,由于磁流变液从多孔泡沫金属中抽出至剪切间隙的过程中,由于结构尺寸的变化,还存在局部能量损失。正是这些能量损失,使储存在泡沫金属中的磁流变液不能完全抽出至剪切间隙,而只有部分被抽出的磁流变液产生磁流变液效应。为此,本章首先分析了磁流变液在多孔泡沫金属中流动的局部能量损失和沿程能量损失;随后利用将泡沫金属中的磁流变液等效为环形的方式,建立了阻尼力的计算模型;最后针对阻尼器特性,建立了神经网络模型,并用实验数据验证了模型的正确性。

11.1 磁流变液在泡沫金属中流动的能量损失

11.1.1 局部能量损失

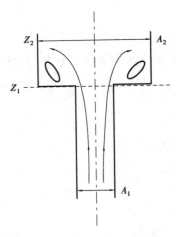

图 11.1 局部能量损失示意图

流体在流动过程中,由于管径的改变(或者流动方向的改变)而产生的能量损失称为局部水头损失。磁流变液从泡沫金属中流至剪切间隙的过程中,管径突然由很小的泡沫金属孔直径变为剪切间隙空间,如图 11.1 所示,磁流变液在断面的流速分布急剧变化,同时还可能产生大量的旋涡,而且由于粘性的作用,漩涡中的部分能量将不断转化成热能耗散在流体中,进而使机械能减少。

为计算局部能量损失,定义相关参数如下:S_1 为阻尼器工作缸内壁表面积,S_2 为泡沫金属单个孔面积,ε 为泡沫金属的孔隙率,n 为孔数,Q 为单个孔内磁流变液流量,v_2 和 v_1 分别为上下两个截面的平均速度,A_2 和 A_1 分别为上下两个截面的横截面积,P_1 和 P_2 分别为上下两个截面的压降,μ_0 为真空磁导率,M 为磁化强度,H 为磁场强度,α 为动能修正系数,β 为动量修正系数,h_j 为局部能量损失。

根据牛顿第二定律,磁流变液在泡沫金属中流动的运动方程为

$$\rho Q(\beta_2 v_2 - \beta_1 v_1) = \sum F \tag{11.1}$$

$$\rho Q(\beta_2 v_2 - \beta_1 v_1) = P_1 A_1 + P_1(A_2 - A_1) - P_2 A_2 + G - \mu_0 \int_0^z M \mathrm{d}H \tag{11.2}$$

$$\rho Q(\beta_2 v_2 - \beta_1 v_1) = \left(\mu_0 \int_0^{H'} M \mathrm{d}H + \frac{\mu_0}{2} M^2\right) \mathrm{d}S - (P_1 - P_2) A_2 - \rho g A_2 (Z_2 - Z_1) \tag{11.3}$$

由伯努利方程

$$Z_1 + \frac{P_1}{r} + \frac{\alpha_1 v_1^2}{2g} + \left(\mu_0 \int_0^{H_1} M \mathrm{d}H + \frac{\mu_0}{2} M_1^2\right) \mathrm{d}S = Z_1 + \frac{P_2}{r} + \frac{\alpha_2 v_2^2}{2g} + \left(\mu_0 \int_0^{H_2} M \mathrm{d}H + \frac{\mu_0}{2} M_2^2\right) \mathrm{d}S + h_j \tag{11.4}$$

得到

$$h_j = (Z_2 - Z_1) + \frac{P_2 - P_1}{\rho g} + \frac{\alpha_1 v_1^2 - \alpha_2 v_2^2}{2g} + \mu_0 \left(\int_0^{H_2} M \mathrm{d}H - \int_0^{H_1} M \mathrm{d}H + \frac{M_2^2}{2} - \frac{M_1^2}{2}\right) \mathrm{d}S \tag{11.5}$$

由式(11.2)和式(11.5)得到

$$h_j = \frac{\beta_2 v_2 - \beta_1 v_1}{g} v_2 + \frac{\alpha_1 v_1^2 - \alpha_2 v_2^2}{2g} + \frac{1}{2\rho g A_2} \mu_0 \left(\int_0^{H_2} M \mathrm{d}H - \int_0^{H_1} M \mathrm{d}H + \frac{M_2^2}{2} - \frac{M_1^2}{2}\right) \mathrm{d}S \tag{11.6}$$

并取 $\alpha_1 = \alpha_2 = 1, \beta_1 = \beta_2 = 1$,则

$$h_j = \frac{(v_2 - v_1)^2}{2g} - \frac{1}{2\rho g A_2} \mu_0 \left(\int_0^{H_1} M \mathrm{d}H - \int_0^{H_2} M \mathrm{d}H + \frac{M_1^2}{2} - \frac{M_2^2}{2}\right) \mathrm{d}S \tag{11.7}$$

①假设磁流变液中磁场均匀,$M_1 = M_2, H_1 = H_2$,则局部损失为

$$h_j = \frac{(v_2 - v_1)^2}{2g} \tag{11.8}$$

②若磁流变液被线性磁化,即

$$B = \mu_0 \mu_r H \tag{11.9}$$

$$M = \chi H = \frac{B}{\mu_0(1 + \chi)} \tag{11.10}$$

则有

$$h_j = (Z_2 - Z_1) + \frac{P_2 - P_1}{\rho g} + \frac{\alpha_1 v_1^2 - \alpha_2 v_2^2}{2g} + \mu_0 \left(\int_0^{z_1} M \mathrm{d}H - \int_0^{z_2} M \mathrm{d}H\right) \tag{11.11}$$

于是,磁流变液上升至高度 h 处的局部水头损失为

$$h_j = \frac{(v_2 - v_1)^2}{2g} + \frac{1}{2\rho g} \cdot \frac{\chi}{1 + \chi}\left[\left(\frac{\mathrm{d}B_2}{\mathrm{d}z_1}\right)^2 - \left(\frac{\mathrm{d}B_1}{\mathrm{d}z_1}\right)^2\right] \tag{11.12}$$

总孔数:

$$n = \frac{S_1}{S_2} \varepsilon \tag{11.13}$$

从而得到总的局部水头损失为

$$\sum h_j = n h_j \tag{11.14}$$

163

取泡沫金属孔出口平面为基准面 1，$v_1 = 0$；活塞头所在平面为 2，且活塞运动速度 $v_2 = 10$ mm/s，磁流变液初始磁导率 $\chi = 3.2$；孔半径 $r = 0.25$ mm；磁流变液密度 $\rho = 2\ 650$ kg/m³，$g = 9.8$ m/s²，磁场强度 $B = 1.0$ T，从而得到单孔磁流变液局部水头损失为

$$h_j = 0.014 \text{ m}$$

由式(11.8)可知，若磁流变液内部磁场均匀，局部损失大小取决于其流速，速度越大，局部损失越多，这与多孔介质中的 Darcy 定律不谋而合：流体通过线性多孔介质中的能量损失与速度呈正比；而当磁流变液内部磁场分布不均匀时，由式(11.12)可以得到局部损失大小不仅与速度有关，还取决于磁场强度，磁场强度越大，局部损失越大。

11.1.2　沿程能量损失

流体在流动过程中，沿流动方向产生的流动阻力造成的能量损失称为沿程阻力。沿程阻力一般沿着流动管段均匀分布，并且与管段的长度成正比，一般用 h_f 表示。

磁流变液在泡沫金属中流动时，由于磁流变液与泡沫金属骨架及与磁流变液层流间的内部摩擦，流动过程中需克服该阻力，从而损失部分能量。

一般采用达西-维斯巴赫公式计算圆管中层流沿程损失：

$$h_f = \lambda \frac{l}{d} \cdot \frac{v^2}{2g} \tag{11.15}$$

$$\lambda = \frac{64}{R_e} \tag{11.16}$$

式中　l, d——分别为单孔长度和直径；

　　　v——断面平均流速；

　　　g——重力加速度；

　　　λ——沿程阻力系数。

代入参数，得到单孔的沿程损失为

$$h_f = 1.1 \times 10^{-11} \text{(m)}$$

由于磁流变液在单孔中为层流运动，而且孔长较小，因此，沿程阻力损失远小于局部阻力损失。

11.2　多孔泡沫金属磁流变液阻尼器阻尼力计算模型

剪切模式下的多孔泡沫金属磁流变液阻尼器，一方面，活塞与缸筒的相对运动带动剪切间隙内部的磁流变液流动而产生阻尼力；另一方面，泡沫金属与磁流变液的摩擦也会增加阻尼力。这里主要研究由于相对运动产生的剪切作用力。剪切阻尼力可以根据活塞的有效面积及磁流变液的剪切屈服应力得到。针对不同的泡沫金属材料，结合式(4.14)和式(4.15)及实验数据，通过数据拟合可以得到磁流变液的剪切屈服应力与外加电流的关系：

$$\tau_y = f(i) = k_1 i^3 + k_1 i^2 + k_1 i + C_0 \tag{11.17}$$

式中　τ_y——屈服应力；

　　　i——外加电流；

　　　k_1, k_2, k_3, C_0——常量。

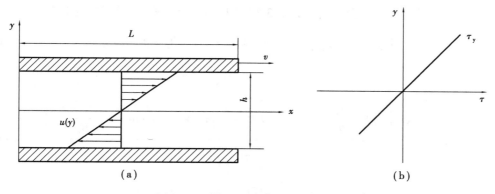

图 11.2　剪切速度及剪切应力分布
（a）流速分布；（b）剪切应力分布

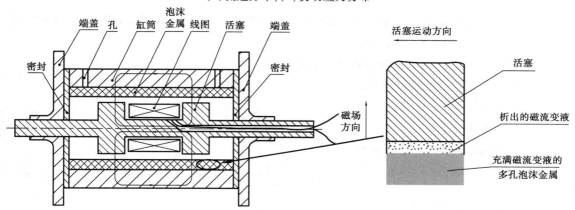

图 11.3　泡沫金属磁流变液阻尼器阻尼力计算

在剪切工作模式下,由于外加磁场作用,磁流变液从泡沫金属中抽出至剪切间隙,并随着活塞运动,产生阻尼力,其速度和剪切应力分布如图 11.2 所示。对于多孔泡沫金属磁流变液阻尼器而言,磁流变效应的大小还与从泡沫金属中抽出至剪切间隙的磁流变液的体积有关,如图 11.3 所示。为此,Benjamin 将泡沫金属中的磁流变液等效为有效环形体积,将被抽出的磁流变液分为 5 级,如图 11.4 所示。

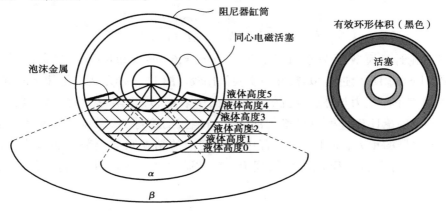

图 11.4　磁流变液等效体积示意图

根据图 9.3 磁阻计算模型,结合图 11.3 和图 11.4,得到磁流变液的有效体积:

$$V_{\text{eff}} = \frac{1}{2 \times 360°} \pi (h_0 - h)(\alpha + \beta)°(h_0 + h - D_2) \tag{11.18}$$

其中,

$$\alpha = \frac{360°\left[\left(h' - \dfrac{D}{2}\right)\sqrt{-h_0^2 + D_2 h' + 2t_f h_0} + \left(\dfrac{D}{2}\right)^2 \cos^{-1}\dfrac{-h_0 + \dfrac{D_2}{2}}{R_p}\right]}{\pi\left(\dfrac{D}{2}\right)^2} \tag{11.19}$$

$$\beta = \frac{360°(h' - R)\sqrt{-h'(h' - 2R)} + R^2 \cos^{-1}\left(1 - \dfrac{h'}{R}\right)}{\pi R^2} \tag{11.20}$$

式中　α——作用在泡沫金属表面和活塞之间的有效磁流变液夹角,若磁流变液没有从泡沫金属中抽出,则 α 为零;

β——作用在工作缸上的有效磁流变液夹角;

V_{eff}——有效磁流变液体积;

h_0——泡沫金属厚度;

h——剪切间隙。

磁流变液的体积流速可表示为

$$Q = \frac{v \cdot V_{\text{eff}}}{L_2} \tag{11.21}$$

由于粘滞阻力产生的压降

$$\Delta p_{\text{N}} = \frac{24Q\eta(D - d)}{\pi(D + h)h^3} \tag{11.22}$$

从而得到活塞两端总压降:

$$p = 160 \times \frac{B}{h} + \Delta p_{\text{N}} \tag{11.23}$$

综和式(11.17)至式(11.24),得到多孔泡沫金属磁流变液阻尼器的阻尼力为

$$F = p \cdot \frac{V_{\text{eff}}}{L_2} = \left[160 \times \frac{B}{h} + \frac{24v\eta(D - d)V_{\text{eff}}}{\pi L_2(D + h)h^3}\right] \cdot \frac{V_{\text{eff}}}{L_2} \tag{11.24}$$

为验证理论计算模型,分别在剪切速度为 2 mm/s,6 mm/s 和 8 mm/s 的条件下,得到不同外加电流作用下的阻尼力进行拟合,并与实验值比较。图 11.5 所示为以泡沫金属铜为例得到的不同剪切速率下阻尼力与外加电流的关系。图中表明,理论阻尼力比实际测得的阻尼力小,这主要是理论计算过程中忽略了活塞杆与端盖的摩擦力、磁流变液与泡沫金属的摩擦力,以及阻尼器的重力,而且计算过程中磁流变液的粘度系数及剪切屈服应力的取值对阻尼力的计算也有影响。但总体来看,理论计算的阻尼力与实验得到的阻尼力变化趋势基本一致。

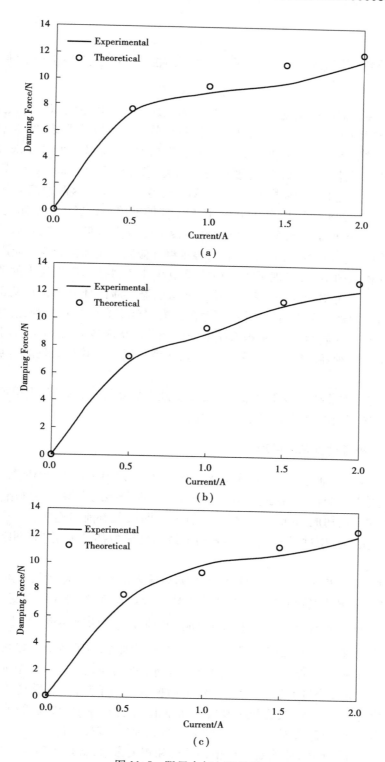

图 11.5　阻尼力与电流关系

(a)剪切速率 2 mm/s;(b)剪切速度 6 mm/s;(c)剪切速度 8 mm/s

11.3 多孔泡沫金属磁流变液阻尼器的神经网络建模

作为半主动控制器件的磁流变液阻尼器,为将其应用于受控系统,对多孔泡沫金属磁流变液阻尼器建立合理的滞回模型,对于深入理解阻尼器特性具有极其重要的意义,同时也是将其应用于结构振动控制系统集成的重要前提。自磁流变液阻尼器技术发展以来,目前已经有许多关于磁流变液阻尼器的建模研究,主要可分为两类:参数化模型和非参数化模型。在参数化模型中最具代表性的是 Bingham 模型和 Bouc-Wen 模型,而后基于这两种模型又提出了许多力学模型。Bingham 模型虽然简单、便于分析,但却不能够准确描述磁流变液阻尼器的非线性动态特性。非线性 Bouc-Wen 模型虽然能够很好地模拟磁流变液阻尼器的滞后特性,但由于该模型中参数过多(多达 14 个以上待定参数),很难将其应用于实际控制器的应用。

基于参数化模型的不足,出现了以多项式模型和神经网络模型为代表的非参数化模型。根据不同的加速度方向,S. B. Choi 等将磁流变液阻尼器的滞回环分为正负两部分,虽然能很好地拟合高于五阶时的阻尼力滞回特性,但存在建模精度不高的缺点。神经网络是一种模仿动物的神经网络特征的数学模型,根据系统复杂度调节网络内各节点之间的连接关系,可以分布式并行处理信息。神经网络有自学习、自组织、联想和记忆及并行处理的特点,已应用于许多领域。

基于以上分析,本节结合多孔泡沫金属磁流变液阻尼器的实验数据,采用神经网络的方法对多孔泡沫金属磁流变液阻尼器的模型进行建模。

11.3.1 BP 神经网络基本原理

在现代神经科学基础之上发展起来的人工神经网络,以 Hopfield 神经网络、ART 神经网络和 BP 神经网络最为常见。BP 神经网络是基于误差反向传播的多层前向网络,网络结构由输入层、隐含层和输出层构成,同层节点之间无关联,不同层节点前向连接。研究表明,目前,在人工神经网络的实际应用过程中,绝大部分的神经网络模型都是采用 BP 网络及由它而演变而来神经网络。

利用 BP 神经网络模型进行信息处理的思想是:输入信号 u_i 与隐含层节点连接,并进行相应的非线性变换,输出节点则通过隐含层节点与输入节点连接,经过非线性变换后得到输出信号 $y(k)$。输入向量 u 和预期输出向量 $\hat{y}(k)$ 组成 BP 神经网络的训练集,经过训练得到预测输出 $\hat{y}(k)$ 与实际应用输出 $y(k)$ 之间的偏差,通过多次学习训练,调节各节点之间的权重及阈值,不断减小误差,当达到预想结果后,即可停止训练,确定网络参数。通过调节 w_{ij} 和隐含层节点与输出节点之间的联接强度 t_{jk} 以及阈值,使误差沿梯度方向下降,经过反复学习训练,确定与最小误差相对应的网络参数(权值和阈值),训练停止。这样,经过训练后的神经网络,给定一组类似的输入向量,经过隐含层的非线性变换,即得到理想的输出值。

对于 BP 神经网络模型,要确定网络拓扑结构和相关参数,就是要确定与之相关的几个模型:输入输出、激活函数、误差计算及学习算法。一种典型的 BP 神经网络拓扑结构如图11.6所示。

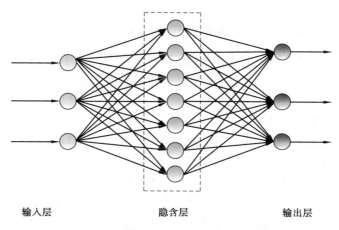

输入层　　　　　　　隐含层　　　　　　　输出层

图 11.6　一种典型的 BP 网络结构拓扑结构

（1）节点输出模型

隐含层节点输出：

$$O_j = f\left(\sum w_{ij} \times u_i - \theta_j\right) \tag{11.25}$$

输出层节点输出：

$$\hat{y}(k) = f\left(\sum t_{jk} \times O_j - \theta_k\right) \tag{11.26}$$

式中　f——激活函数；

　　　θ——神经单元阈值。

（2）激活函数

在神经网络中，不同激活函数处理信息的能力不同，因此，神经网络的激活函数反映了输出向量与激活状态之间的关系。对于 BP 神经网络，常取（0,1）内连续取值 Sigmoid 函数：

$$f(x) = \frac{1}{1 + e^{-x}} \tag{11.27}$$

（3）误差函数

误差函数反映神经网络预测输出向量与实际工程应用输出之间的误差大小：

$$E_p = \frac{1}{2} \sum \left(y(k) - \hat{y}(k)\right)^2 \tag{11.28}$$

（4）学习方式及隐含层节点确定

神经网络的训练过程是通过调节各层节点之间的权重 w_{ij}，并不断修正误差的过程，一般分为有监督学习和无监督学习，前者需要设定期望值，而后者只需要输入信息即可。

神经网络的隐含层节点连接了输入层向量和输出值，并进行非线性变换。神经网络的性能与隐含层节点数目密切相关。过多的隐含层数目会使学习时间过长，影响网络学习的效率，甚至导致网络不收敛；而过小的隐含层节点数目会使网络的容错性变差。对于隐含层数目的确定目前还没有明确的表达式，参考 Hecht-Nielsen 提出的观点，隐含层节点数 L 可参考下面的公式计算：

$$L = 2n + 1 \tag{11.29}$$

式中　n——输入节点数。

11.3.2 多孔泡沫金属磁流变液阻尼器 BP 神经网络建模

对多孔泡沫金属磁流变液阻尼器建模,就是要在算法设计中以 BP 神经网络模型代替实际的多孔泡沫金属磁流变液阻尼器,通过实验得到的数据训练 BP 神经网络模型逼近阻尼器的阻尼力特性。

(1)BP 神经网络拓扑结构的确定

对于特定的多孔泡沫金属材料研发的磁流变液阻尼器,其阻尼特性不仅与外加电流有关,活塞的运动速度、活塞相对于平衡位置的位移、使用温度等对阻尼力都有影响。根据前述研究,利用所搭建的性能测试系统的过程中,针对特定的多孔材料,阻尼力是活塞运动速度 v 和外加电流 i 的函数,对此,这里采用这两个变量作为 BP 神经网络的输入单元,阻尼力 F 为唯一输出单元。确定了输入单元和输出单元数量后,即可得到中间隐含层单元数目,这里采用 5 个隐含层单元,其网络拓扑结构如图 11.7 所示。

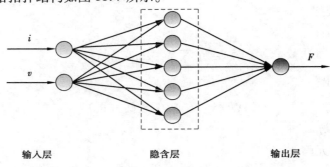

图 11.7 构建的 BP 神经网络拓扑结构

(2)隐含层激活函数的选择

对于 BP 神经网络隐含层的激活函数,必须满足处处可微的条件,这里选择 S 型函数作为中间层传递函数,其表达式为

$$f_i(x) = \frac{1}{1 + e^{-2x}} \tag{11.30}$$

$$F_i(x) = x \tag{11.31}$$

由此,可以得到图 11.8 所示的多孔泡沫金属磁流变液阻尼器神经网络结构的输出函数为

$$y_i = F_i \left[\sum_{i=1}^{5} w_{ij} f_i \left(\sum_{i=1}^{2} w_{jk} u_k + w_{j0} \right) + w_0 \right] \tag{11.32}$$

式中　　y_i——神经网络的输出阻尼力;

F_i、f_i——分别为输出层和隐含层的激活函数;

u_k,w_{jk}——分别为神经网络的输入层向量和权重值;

w_{j0},w_0——分别为输入层单元和隐含层单元的阈值;

w_{ij}——隐含层单元的阈值。

(3)神经网络训练过程

图 11.8 所示为神经网络模型训练过程。$u_1(k)$ 为输入层向量,包括外加电流和速度值,它同时连接了阻尼器和神经网络模型;$u_2(k)$ 是实验得到的阻尼力,它只与神经网络模型连接;$y(k)$ 和 $\hat{y}(k)$ 分别为阻尼器和神经网络的输出阻尼力,在训练过程中,通过不断比较两者的值

来调整网络的权重,直至达到预设结果。这里采用 LM(Levenberg-Marquardt)方法对神经网络进行训练,作为一种非线性优化算法,它可以减轻训练过程中非最优点对结果的影响。

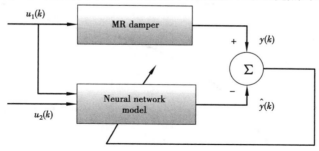

图 11.8　神经网络模型训练

训练数据集:

$$Z^N = \{[u_1(k), u_2(k)]\} = \{[u(s), y(s)]|_{s=1,\cdots,N}\} \tag{11.33}$$

式中　N——样本数目。

训练的目的是寻找从训练数据集 Z^N 到权重集 $\hat{\theta}$ 的映射,从而能够使神经网络训练的阻尼力 $\hat{y}(k)$ 接近实际阻尼器的输出阻尼力 $y(k)$。

$$Z^N \rightarrow \hat{\theta} \tag{11.34}$$

训练过程中采用均方根误差作为误差函数,其正则表达式如下:

$$V_N(\theta, Z^N) = \frac{1}{2N} \sum_{s=1}^{N} [y(s) - \hat{y}(s|\theta)]^T [y(s) - \hat{y}(s|\theta)] + \frac{1}{2N} \theta^T D\theta \tag{11.35}$$

式中　D——正则矩阵。

基于 LM 算法的训练过程中,其搜索方向为

$$f^i = -[V_N''(\hat{\theta}_{(i)}, Z^N) + \lambda_{(i)} I]^{-1} V_N'(\hat{\theta}_{(i)}, Z^N) \tag{11.36}$$

式中　$V_N'(\hat{\theta}_{(i)}, Z^N), V_N''(\hat{\theta}_{(i)}, Z^N)$——分别为 $V_N(\hat{\theta}_{(i)}, Z^N)$ 对 $\hat{\theta}_{(i)}$ 的一阶和二阶偏微分;

　　λ——一正值调节因子。

定义 $V_N(\theta(i), Z^N)$ 的预测方程:

$$L_N(\theta^{(i)} + \mu^{(i)} f^{(i)}) = V_N(\theta^{(i)}, Z^N) + f^{(i)T} V_N'(\theta^{(i)}, Z^N) + \frac{1}{2} f^{(i)T} V_N''(\theta^{(i)}, Z^N) f^{(i)}$$

$$\tag{11.37}$$

式中　$\mu^{(i)}$——搜索步长,且有

$$r^{(i)} = \frac{V_N(\theta^{(i)}, Z^N) - V_N(\theta^{(i)} + \mu^{(i)} f^{(i)}, Z^N)}{V_N(\theta^{(i)}, Z^N) - L_N(\theta^{(i)} + \mu^{(i)} f^{(i)})} \tag{11.38}$$

$r^{(i)}$ 越大,$L_N(\theta^{(i)} + \mu^{(i)} f^{(i)})$ 越接近 $V_N(\theta^{(i)} + \mu^{(i)} f^{(i)}, Z^N)$。

(4)**训练结果**

利用实验得到的阻尼力及电流值对所设计的神经网络模型进行训练,得到阻尼力与电流的关系如图 11.9 所示。由图可知,经过神经网络模型训练后得到的阻尼力和实验得到的结果一致性较好。随着外加电流的增加,阻尼器的阻尼力也逐渐增大,这说明了所设计的 BP 神经网络模型的正确性。

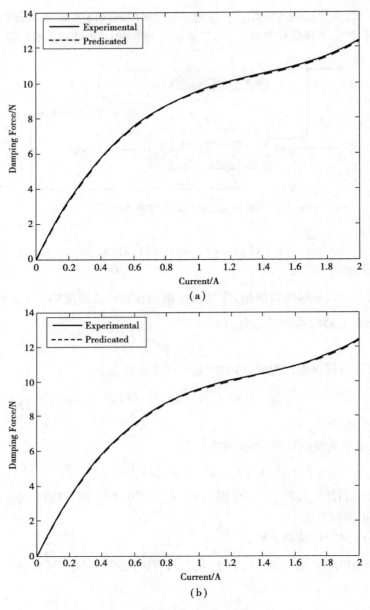

图 11.9　神经网络模型训练结果
（a）剪切速度 6 mm/s；（b）剪切速度 8 mm/s

11.4　本章小结

　　根据前面的仿真和实验结果,为进一步分析影响阻尼力的原因,本章首先研究了影响泡沫金属磁流变液阻尼器产生磁流变液效应的有效磁流变液的能量损失,从局部能量损失和沿程能量损失两方面具体进行了描述,发现相较于沿程能量损失,局部能量损失是阻碍产生有效磁流变液体积的主要原因。随后,通过将泡沫金属中的磁流变液等效为有效环形体积的方法,得出阻尼力的计算模型,并通过实验得到的阻尼力验证了计算模型的正确性。最后,根据得到的阻尼力特性,结合实验数据,建立了 BP 神经网络预测模型,结果发现神经网络预测得到的结果与实验结果吻合较好,说明所建立的神经网络预测模型是正确的。为多孔泡沫金属磁流变液阻尼器的应用奠定良好的技术基础。

参考文献

[1] Darcy H. Les fontaines publiques de la ville de Dijon, 1856[J]. Dalmont, Paris, 70.

[2] Wang D H, Liao W H. Magnetorheological fluid dampers: a review of parametric modelling [J]. Smart Materials and Structures, 2011, 20(2): 023001.

[3] S B CHOI, S K LEE. A HYSTERESIS MODEL FOR THE FIELD-DEPENDENT DAMPING FORCE OF A MAGNETORHEOLOGICAL DAMPER[J]. Journal of Sound and Vibration, 2001, 245(2): 375-383.

[4] 郭晶, 孙伟娟. 神经网络理论与 MATLAB7 实现[M]. 北京:电子工业出版社, 2005.

[5] Hecht-Nielsen R. Applications of counterpropagation networks[J]. Neural Networks, 1988, 1(2): 131-139.

[6] Pin-Qi Xia. An inverse model of MR damper usingoptimal neural network and system identification[J]. Journal of Sound and Vibration, 2003, 266:1009-1023.

[7] 张红辉. 磁偏置内旁通式磁流变阻尼器研究 [D]. 重庆:重庆大学, 2006.